状況認識力UPがあなたを守る

CENTRAL INTELLIGENCE AGENCY

元CIA捜査官が実践するトラブル回避術

SPY SECRETS
That Can Save Your Life

A Former CIA Officer
Reveals Safety and Survival
Techniques to Keep You and
Your Family Protected
by Jason Hanson

ジェイソン・ハンソン 著
狩野綾子 まちとこ 訳

JN160840

CONTENTS

はじめに　6

第1章 サバイバル・インテリジェンス
生き抜くためのスパイ術　9

第2章 状況認識力
CIAで学んだ最も重要なたった一つのこと　19

第3章 スパイ直伝「逃避&脱出用キット」
大小の惨事を生き抜くために必要な道具と情報　47

第4章 脱出の達人になろう
縄や手錠、結束バンド、粘着テープの簡単な脱出法　73

第5章 侵入不可能な家にする
家に泥棒を呼び込まない方法　101

第6章 安全に旅する
飛行機、タクシー、そしてホテルで安全に過ごすには　127

第7章 **犯罪者の監視から逃れる**
プロ捜査員が使う、犯罪者の監視対象にならないテクニック —— 151

第8章 **ソーシャル・エンジニアリングの秘密**
どのように人の心は操つられてしまうか —— 177

第9章 **人間嘘発見器になる**
嘘を見破り、騙されない —— 205

第10章 **痕跡を残さず社会から姿を消す**
危険から逃れる最後の手段 —— 223

第11章 **サバイバル・ドライビング**
非常時に生き残るための運転技術 —— 251

第12章 **自分を守る**
武器と基本的な護身テクニック —— 275

謝辞 —— 294

参考資料 —— 295

【訳注】

・様々な武器及び道具の携帯、録音など本書に書かれている事項は、居住地域によっては違法となることもあります。必ず居住地域の法律を確認下さい。本書で「粘着テープ」と訳しているものは、原書ではアメリカで一般的な粘着テープ「ダクトテープ」を意味しています。

はじめに

なぜＣＩＡに入ったかよく聞かれるが、私の子ども時代を見れば、その答えは一目瞭然だ。ほかの皆が女の子を追いかけている間、私はおもちゃの銃を持って森中を走り回るか、ポリ塩化ビニル製のパイプでじゃがいも砲（パイプで作る大砲で、じゃがいもを弾とすることからこのように呼ばれる）を作っていた。ボーイスカウトで多くの時間を過ごし、最高位のイーグルスカウトも取得した。冒険やサバイバル、装備の準備に関することに強く惹かれた。そして成長するにつれ、普通のデスクワークに就きたくないと思い、大学を卒業後、警察官を最初の仕事に選んだ。しばらくすると、要人の警護を行うシークレットサービスとＣＩＡに誘われた。ＣＩＡの方が面白そうだと思い、その誘いを受けた。

二〇〇三年にＣＩＡに入った時は、防諜活動（敵の諜報を阻止する活動）や監視活動、あるいは護衛が、一般市民の日常生活でこれほど役に立つとは想像もしていなかった。高度なトレーニングを受けたので、私はユニークなスキルをたくさん持っている。数秒で手錠を外し、簡単に錠を破り、点火装置をショートさせて車のエンジンをかけ、ソーシャル・エンジニアリング（人間心理を利用して人を思い通りに動かす）で必要なものを入手し、人の嘘を見抜くこともできる。

さらに、即興で武器を作り、完璧な非常用品を準備し、必要とあればＦＢＩの捜査網から外れることもできる。また、尾行されているかどうかの判断や、攻撃者との危険な遭遇の回避などもでき、家の中でも旅行中でも自分と家族の安全を守れるのだ。

これらのスキルは日常生活で使えるものもあるが、他は登場する場面もなく、自分の中に存在する用心深い「スパイ心」のためのものだ。しかし、どれもが命を救うのに役立ってくれる。私は、このようなスキルを皆さんに紹介したいと思う。というのも、もちろん危険な目に遭わないことを願っているが、次はあなたがこのスキルによって命を救われるかもしれないから。

起業のためにＣＩＡを去り、家族を持った私は、命を救う術を人々に伝授することを大きな使命としている。一般の人々の安全とセキュリティへの強い情熱で、二〇一〇年に「スパイ・エスケープ＆イヴェージョン（スパイ式避難と脱出術）」という訓練学校を開校した。ＣＥＯ、有名人、警備のスペシャリスト、富裕層、主婦や大学生といった世界中にいる何千人もの人たちに、命を守るテクニックを伝えることに成功した今、自分や家族の安全を守りたいと願っているもっと多くの人たちとこの情報を共有すべき時が来たと感じている。本書を読んで、危険な世界で安全に過ごすためには、必ずしも諜報員である必要がないことに気付いてほしい。普通の日常を過ごしている人たちが、私が伝授するスパイの極秘テクニックを用いて、誘拐を免がれ、自宅への侵入や強盗、さらに車の乗っ取りを防いできた。例えば、

・ヴァージニア州のエイミー・Oは、家の近くを散策していて尾行された時、すぐにどう動けばいいか分かった。
・ラスベガスのジャレッド・Lは、駐車場のエレベーターの中で脅された時、どう対応すればいいか的確に判断した。
・ロサンゼルスのダン・Pは、飛行場近くで怒り狂って脅してくる男が自分に近づいてきた時、危険を避けられた。
・一年のうち十一か月を海外で過ごす製造会社の副社長のゲリー・Sは、中国で強盗を二回避けることができた。
・フロリダ州サラソタのヘザー・Mは、ガソリンスタンドで二人の男が自分を誘拐しようとした時に、護身用ペンで逃げきることができた。
・テキサスのデニス・Rは、私に教わった戦術を使って、自宅への不法侵入を免れた。

これらの人たちは、私から学んだ様々な戦術を使い、暴力的な犯罪の被害者となることを防いだ。本書を読んで皆さんが、自分や家族がどんな危機的状況や緊急事態を迎えようと、力が沸き、自信をもって対応できることを願っている。

状況認識力

第1章

サバイバル・インテリジェンス
生き抜くためのスパイ術

SPY SECRETS That Can Save Your Life

A Former CIA Officer Reveals Safety and Survival Techniques to Keep You and Your Family Protected by Jason Hanson

本書を読み終えた頃には、粘着テープやロープからの脱出方法、嘘をついている人や詐欺を働こうとする人に気付く方法を知ることができる。しかし、これから学ぶスキルには、「サバイバル・インテリジェンス」と私が呼ぶ、同じくらい重要な要素が伴っていなければならない。

サバイバル・インテリジェンスとは、どんな緊急事態でも適切に対応できるという自信のことだ。**危険な状況下で、その場にある道具を使って素早く、無駄なく反応すること。用意を周到に行い、どうすれば家族の安全を守れるかを知っていること。**これを自分のものにするための七つのルールを作ってみた。ルールに従えば、自分と自分の家族を守る最適の環境を備えられるだろう。

ルールを積極的に守るかどうかで、困難に遭遇した時に安全を保てるか悲劇的な結果に終わるかといった大きな違いが出ると私は信じている。また、本書で世界中のあらゆる話を引用しているが、様々な悲劇を読むにつれ、「どうしてこんな対応をしたのか」「予測できなかったのか」と思うかもしれない。ルールを守れば、あなたやあなたの家族が後悔するような状況に陥る代わりに、どんな危機的状況でも、素早く適切に反応できる力を備えられる。

ルール１　適応能力を身につける

諜報活動のトレーニングで学んだことは、緊急事態の対処法を知っていることはもちろん重要だが、命を救うのは究極的にいえば適応能力だということだ。本書で様々なスキルを学ぶだろうが、**予期せぬ事態で実際にそれらを使えるかどうかで大きな違いが生まれることを念頭に置いておいてもらいたい。**人生は、いつも思い通りにいくとは限らないから、直面するあらゆる状況に、身の回りの道具を使って立ち向かう用意ができているかどうかが大事になる。このルールの最もいい点は、実践するのがそれほど難しくないところだ。敏捷で、力があって、強い人間であるにこしたことはないが、状況に適応する能力が欠けていたら何の意味もない。可能な限り、この適応能力は身につけるよう努力してほしいと思う。

ルール２　自力でやる

私は、自力でやることを重視している。自分や自分の家族の運命を他人に委ねたいとは思わない。自力でやり、責任を持つことはとても重要だと思っている。これは個人的な信条に限ったことではない。この本に書かれている、悲劇的な結末の例のいくつかは、自分で何とかしようという気持ちがなかったために不必要に起きてしまったものだ。本書の読者は、緊急事態においては、いかに自分のために自ら行動を起こすことが大事であるかということに気付いてほしい。**必要な道具が手元にあること、そして自分の命を守るために行動を起こすこと、この二つが重要だ。**最近アメリカに降りかかる様々な困難は、自分で何とかしようという人々の気持ちを試してきた。例えば、テロリストの襲撃や自然災害。多くの人は、そういう危機的な状況に見舞われても、その後自分たちで何とか生活していかなければならないことに気付かされただろう。

自力でやる＝他人を助ける

勘違いしないでほしい。サバイバル時に自力で何とかしようという気持ちが要だと思うもう一つの理由は、その姿勢が、他人を助けることにもつながると考えているからだ。**この本で私が教えるスキルに、自力でやるという強い気持ちを組み合わせれば、緊急事態に他の人も助けることができるだろう。**

ルール3　ヒーローになるな

行動を起こすな、社会に役立つ価値ある人間になるなと言っているわけではない。自分より大きな人間を演じるなということだ。**心の中で望んでいなくても、トラブルが起きそうな場所から立ち去る判断力を持ち合わせてほしい。**難しいのは十分承知だ。

ある早朝に、メリーランド州のボルチモアで、市街地のインナーハーバーに向かってランニングしていた時、私は向かう先の歩道に二人の男がいることに気付いた。朝六時だというのに、相手は完全に正装して歩き回っていたから少しおかしいと感じた。彼らに向かって走って行くと、二人は目で合図を送りながら別れ、二人の間を私が走らなければならない状況を作った。そこに行ったら何をされるか分からない。私は、安全策を取ることにした。道の反対側に移り、彼らと目を合わせて、自分が十分に注意を払っていることを知らせた。

もしかしたら何でもなかったのかもしれない。あるいは、角を曲がったところに六人ほど仲間がいて強盗しようと狙っていたのかもしれない。言いたいことは、**私は自分の慢心で行動を起こさなかったということだ。**彼らの間を走り抜けて自分の腕試しをしなかったことで、危ない目に遭うリスクを回避できた（目を合わせることは重要で、その理由は後で教えよう）。

また別の時には、ガソリンスタンドから出てきた酔っぱらいが私に中指を立て、叱りつけ始めたことがあった。同じ車を所有する知り合いと私を勘違いしたようだった。私は「大丈夫。心配ないよ」と対応した。本当はこの男を逆に叱りつけたかったが、単純にその価値がないことを私は冷静に判断できた。

CIAにいた頃、最もタフで腕のいい奴らは、実は最も静かだった。自分の能力に自信があるから、その腕を見せびらかす必要もない。私にも冷静でいるだけの分別がある。自分よりスキルを持った数少ない男や、その日たまたま運がいい奴に出くわすリスクをわざわざ自分で招かなくてもいい。持っているスキルや、これから私が伝授するスキルに力づけられるのはいいが、それらを使う瞬間はちゃんと見極めよう。

ルール4　行動することが命を救う

何回も繰り返し言うだろうが、**行動によって命は助かる。**本書の実例を知れば知るほど、行動を取った人間こそが助かるということが分かるだろう。これは「X（敵の照準）から外れる」という表現でも知られる概念だ。後の章で様々なシナリオを想定して細かく説明するが、基本的な考えはこうだ。誰かがナイフを持って向かってきたら、瞬時に決断しなければならない。究極を言えば、斬りつけられないようによけるか、そのまま斬りつけられるかのどちらかだ。この例は極端だが、分かってもらいたいのは、**危険が迫っている時は、まず動けということだ。**

この考え方は他の状況でも当てはまる。例えば、飛行機事故の衝撃を生き抜いても、その後有毒な煙を吸って命を落としてしまう人がとても多い。中には、飛行機事故そのものにショックを受けるあまり、シートベルトさえ外すことができず、その結果死んでしまう人もいる。衝撃に耐えた後も生き残る人は、座席から抜け出し動く人たちだ。こういう人たちは動きを止めない。シートベルトを外し、すぐ危険から抜け出す。ハリケーン、飛行機事故、テロリストの襲撃などの脅威が迫った時、行動を取ることで命が助かることを知ってもらいたい。

ルール5　印象が全て

私のスパイ術の最大の強みは、シンプルで簡単である点だ。だから読み終わってすぐに大きな違いを手に入れられる。人に与える印象は重要だから、相手になめられない自分の見せ方や、近所で唯一泥棒が入れない家という印象を与えるために取るべき様々な行動を教えよう。本書で伝授する身体的及び精神的な術を効果的に実施するために、**自分や周りの人が与える印象にまず**

注意を払おう。「私は簡単に狙える獲物に見られていないか」「自分の家は、空き家に見えないか」「自信を持って歩いているか」「周りの人はどうだろう？　レストランで隣に座っている人は怪しい行動を取っていないか」「今さっき食料品店ですれ違った男につけられていないだろうか」と、**自分自身に問い、人の印象に注意を払うことが、安全につながる鍵なのだ。**

ルール6　基準値に気付こう

ほとんどの諜報活動で大事になってくるのが、**基準値、つまり普段の状態を知ることだ。その場所の普段の状態を知っていなければ、普段とは違う危険な状況を察知できない。**「この道はいつもこんなに混んでいるか」「周囲の音はいつもと同じか」「何か起きたのではないだろうか」と、家や近所、職場の普段の状況を知らないと、危険が迫っているかどうか判断がつかないし、それを回避する瞬時の行動も起こせない。どんな諜報活動もこの基準値を設けることが鍵となる。このあたりはまた後で詳しく説明しよう。

ルール7　どんな時も状況を認識する

最後のルールは、私の哲学といってもいい。どんなに訓練を積もうと、状況認識が欠けていれば安全ではいられない。状況認識についての私の思いはとても大きいので、この本の中で一章分をあてたほどだ。**CIAで身につけた最も重要なことは、どんな状況でも認識する能力だと言ってもいいくらいだ。自分の周りに起きていることを認識できなければ、どれだけ私が教えても安全ではいられない。**スマートフォンに没頭していたり、道を歩きながら会話に夢中になっていたりしたら、尾行を察知するスキルは上手く機能しないだろう。状況を認識していたら避けられた、無意味な悲劇については後ほど書く。私は、被害妄想に取り憑かれることを勧めているわけではない。ただ、周りで何が起こっているかに目を配る健全な感覚を持ってほしい。

状況を認識していたら、襲われる前に敵の照準から外れることもできるし、ひったくりに遭う前に道を変更することもできる。状況認識は、ある程度訓練が必要だが、実行可能だし、何より命を救ってくれるものだ。

より安全で幸せな生活を

本書を執筆し、「スパイ・エスケープ&イヴェージョン」訓練学校を立ち上げた私の使命は、人々がもっと安全で幸せな生活を送れるよう手助けすることだ。この七つのルールと、これから学ぶ自己防衛術の数々を組み合わせれば、あなたの心配も和らぐだろう。私たちは、何が起こるか想定できない怖い時代を生きているが、怖がって生活する必要はない。**知識、スキルと認識力を手に入れれば、どんなことがあっても対応できるという心の平穏があなたに訪れるだろう。**

第2章

状況認識力

CIAで学んだ最も重要なたった一つのこと

マンハッタンの高級なメキシカン・レストランで、マスクを被った男たち――そのうち一人はナイフを携えていた――が強盗に入った時、従業員たちはすぐに隠れた。しかし、バーにいた一人の客は、目の前にいる強盗に全く気付かなかった。強盗たちは、現金を探してバーの後ろを物色していたのに、この男性は携帯電話を眺め続けただけでなく、ドリンクのおかわりの合図までしたという。強盗の一部始終に気付かなかった彼は、隣の椅子に移り、その結果強盗の一人が逃げやすくなる状況まで作ったというから驚く。後に男性は警察官に「何が起こったか全く気付かなかった。ずっと携帯電話を眺めていた」と話したらしい。どれだけ状況を認識する力が欠けていたかお分かり頂けただろうか。

ＣＩＡで学んだ最も重要なことは、状況を認識する力だと話すと大抵は驚かれる。ＣＩＡの捜査官は、どんな襲撃も跳ね返すことができる自己防衛術や瞬時に拘束から脱出する方法、またカーチェイスでの対応法を学ぶが、**ＣＩＡ捜査官が生き残れるかどうかは、究極的には、状況認識能力にかかっている。また、捜査官はどんな暴力的な衝突も避けた方がいいことも知っている。状況認識の知恵があるから、危険が及ぶ前に行動を起こすことができる。**銃を突きつけられたら、それは危険の兆候を見逃したからであり、状況認識力が欠けていたからなのだ。

一般市民としても、このスキルの重要性を、身を持って経験した。妻とは、彼女がボルチモアの法律大学院に通っていた時に知り合った。妻の学校があった地域はものすごく危険というわけではなかったが、未完成な街だったから、学校付近の橋で人が刺された事件も起きていた。夜の授業後に一人でうろついてほしくなかった私は、いつも彼女を車で拾う地点を決めていた。しかし、予想に反して、私たちは真っ昼間にトラブルと遭遇した。

秋の気持ちがいい日、妻と待ち合わせて、ボルチモアのインナーハーバーにランチを食べに行った。インナーハーバーは、水際にお店やレストランが溢れ、街の中で最もステキな場所だ。しかし、二人で歩いていると、とても怪しい行動をしている一人の男に気が付いた。私たちの目の前を何度も横切り、私と何回も目を合わせ、私を上から下まで凝視していた。そして、男は私が立っているところから六十センチほど離れたところで止まった。信号が変わり私と妻が通りを渡るまでの間、その男は私のすぐ左側に立っていた。あまりに私と目を合わせるから、私は彼が何をしているか注意深く観察した。まず、彼の手を見ると、その手はナイフや銃を持つ手、パンチを繰り出す手、つまりは殺人を犯す種類の手だった。信号が変わった時、私はわざと小さい歩幅で歩き始めた。男は私と歩調を合わせていた。この時点で、私は護身用ペンを出していた。さらに三歩ほど歩いて、私は彼の方を向き、「すみませんが、今何時か分かりますか」と切り出した。変な表情をした彼に向かって、私はもう一度「すみませんが、今何時だかお分かりですか」と聞いた。「四時半だ」と彼は答えた。一秒ほど互いを見つめたが、永遠に感じられた。突然彼は向きを変え、歩き去った。

時間を聞くことによって、私は二つのことを成し遂げた。まず一つ目に、自分が奇襲されることも武器を取り上げることもできる。次に、反応に要する時間は、平均約一・五秒であることを念頭に置き、私は心の準備をした。状況に反応するのに、人間は最低それくらいの時間がかかる。彼がもし攻撃をしてきたら、自分と妻を守るために一・五秒必要だ。男は、時間を言った後、すぐに引き返し反対方向に去った。方向を変えたということは、何か計画していた証拠だ。何もなければ、そのまま港に向かっていたはずだ。

犯罪者は、狙っている獲物に気付かれたくないものだが、私は気付いた。そして、**何をしようとしているのかもお見通しだと相手に知らせることによって、相手は去ることを選択したのだ。**状況認識を訓練した私は、何かがおかしい時にそれに気が付くことができる。周りに注意を払うことで、危険を察知し、行動を起こすことができる。この事例は、色々な方法で切り抜けることができただろうが、肝心なのは何であれ行動を起こしたことである。自分の勇気を信じ、反応した。もし携帯電話に夢中だったら、強盗と争うことになっていたことだろう。

状況認識とは何か

道や遊び場、ショッピングモールで人間観察をすると、ほぼ全員、携帯電話で話しているか、メールを読んだり打ったりしている。携帯電話に夢中ということは、頭を下げ、周囲の状況と切り離されている。周りで何が起こっているか全く分からないだろう。携帯電話には没頭していなくても、仕事やストレス、あるいは休暇のことで頭がいっぱいかもしれない。**結論を言うと、周りの状況に注意を払っていないと、攻撃されやすい。**

状況さえ認識していたら避けられたであろう怪我（あるいはもっとひどい損害）を負ったケースはたくさんある。サンフランシスコでは、携帯電話を使っていた人たちが、公衆の面前で一斉に襲撃され、強盗された事件があった。真っ昼間の混雑した街角でメールを打っていた四十三歳の男は、殴られて強盗に遭った。ニューヨークでは、有望なコメディアンがメールを打っている時に線路に落ちた。奇跡的に助かったが…。サンディエゴ州に住む十五歳の女の子は、そこまで運がよくなかった。メールを打ちながら、信号を無視して渡ろうとした。彼女の兄が止めたが、手遅れで、道路に飛び出した彼女は、走ってきたトラックにはねられ死亡した。この人たち全てが、もし周りの状況に注意していたら、こういった悲劇は起こらなかった。

危険を警戒し察知しなければ、
脆弱な状況に陥る

スマートフォンと状況認識

少し奇妙に聞こえるかもしれないが、私は人生で一度も携帯メールを打ったことがないし、これからもないだろう。**確かにスマートフォンは便利だが、状況認識という点では最悪だ。**メールに夢中で信号が変わっても気付かない運転手のせいで、何度こっちまで足止めを食らったことだろう。つまるところ、メールに夢中で自分に危険が迫っているのにも気が付かなければ、CIA捜査官としてのトレーニングは何の意味もない。他にも、スマートフォンは個人情報を溜め込み過ぎる。そして時間を食い過ぎるといった理由で電話機能のみの携帯電話を使っているが、主な理由は私の状況認識の妨げになるからである。

最も大切な色は白、黄色、オレンジ、赤

基本的なことだが、状況認識というのは、注意を払って周りで何が起こっているか理解していて、周囲の環境を把握し、危険に備え、必要ならば行動が起こせる状態のことだ。「スパイ・エスケープ&イヴェージョン」コースで教えているのが、**ジェフ・クーパーが考案した「カラー・コード」というものだ。これは、脅威に対して、人がどれかけ的確にそして迅速に反応する準備ができているか、その心理的状況を表す四つの段階を示す。**

ジェフ・クーパーは、第二次世界大戦中、太平洋でアメリカ海軍艦船ペンシルヴァニア号に乗船して活躍した海軍兵士だ。朝鮮戦争で再び任務に就き、中佐まで上り詰めた。一九七〇年代には、アリゾナ州でアメリカ・ピストル協会を立ち上げ、市民にピストルとライフル銃の使い方や、警察や軍のことを教えた。拳銃やピストルの専門家として知られるクーパーだが、必ずしも武器や自己防衛術が、致命的な攻撃から身を守る方法だとは思っていない。クーパーは、**最も効果的な武器は人の心にあると信じている。**クーパーのカラー・コードは、状況認識の様々な段階を表すために使われている。

白の状態

準備ができていないだけでなく、全く気付いていない状態。この章の冒頭で登場した人たちはこの白の状態だった。どんな時でも、この状況に陥ることだけは避けなければならない。

白の状態の人は、夢想したり、携帯電話で話したり、メールを打ったり、会話に夢中だったりするだろう。ベンチに座って本を読んでいるような人や、何も考えず暗い路地を夜歩いている白の状態の人を攻撃するのは簡単だ。**今いる環境で何が起こっているか関心を持たないと、攻撃されやすい上に、次に起こるかもしれないことに備えられない。**

黄色の状態

リラックスしながら注意を払っている状態。黄色の状態にいる人は、ある特定の脅威がなくても、注意を払って状況を認識している。黄色の状態は、攻撃を予期しているわけではないが、常に周りで何が起きているかを知るだけの情報を取り入れている。黄色の状態にいる人を奇襲するのは難しい。携帯電話が出回る前は、みんな黄色の状態でいられた。

頭を上げ、周りの状況を認識している。会話をしていても、自分の方へ突っ込んで来る車や、攻撃しようと向かってくる人に気が付かないほどは没頭していない。黄色の状態の人は、自分に向かってくるおかしな人に気付くことができるので、道を渡ったり、方向を変えたり、助けを呼んだりするだけの時間もたっぷりかけられるだろう。さらに、大事なのは黄色の状態でいれば赤の状態を避けられることだ。ボルチモアで妻と歩いていた時も、黄色の状態でいたから強盗被害に遭わずに済んだ。**黄色の状態は、あなたの安全も守ってくれるだろう。**

オレンジの状態

具体的な警報が出された状態。八月半ばに厚い冬用コートを着て、混み合ったビルの周りをうろつく男に気付いた時かもしれない。あるいは、駐車場に向かって歩いている途中に、自分に目をつけている人に気付いた時かもしれない。その状況、またはその人について何か脅威を感じている状態だ。護身用ペンを握って備えるか、携帯電話を手に持ち、助けを呼ぶ準備をするような状況をいう。

私と妻が道で危害を加えそうな男と並んだ瞬間に、私はオレンジの状態に入った。この男の異変に気付いた時は、黄色（認識）の状態にあった。オレンジの状態に入った瞬間に、護身用ペンを取り出した（私は、法的に可能な場所では常に銃を保持しているが、メリーランド州で隠し持つ許可証は持っていない)。**警戒態勢に入り、攻撃を交わす準備はできていた。**誰かが尾行していると感じたら、向きを変えて混雑したお店に入るといった対応もオレンジの状態に入った行動だ。

赤の状態

赤の状態は危機的状況だが、戦ったり逃げたりする準備が精神的に整っている状態を指す。既に反応しなければならない相手を定め、犯罪者からも引き金となる合図を受けている。オレンジの状態だった時に護身用ペンを取り出しているが、今度はそれで攻撃し、命がけで戦わなければならない。相手と戦ったり、武器を使ったり、知っている自己防衛法を使ってその状況を切り抜ける可能性も十分ある一方で、警察を呼んだり、人の多い場所へ逃げ込むことによって危険を回避できる可能性もある。

とても大きな脅威と戦っている状態で、その脅威が襲いかかってくることも認識し、それに対して驚いてもいない状態だ。赤の状態にいる人は、既に逃げ道も考え逃げ出しているかもしれないし、攻撃してくる人を阻止すると決めているかもしれない。あるいは、ナイフや他の武器を取り出している状態か、助けを呼びに行っている状態だろう。

赤の状態を避けるために黄色の状態でいよう

「スパイ・エスケープ&イヴェイジョン」コースの卒業生であるヘザーは、よく状況を認識していたから車を奪われなかった。「ガソリンスタンドにいる時は、いつもジェイソンに教わったことを思い出すようにしていたわ」と彼女は報告した。「車の鍵は手に持つこと、携帯電話に気を取られるのは避けること、そして周りに注意を払うこと。もう少しで給油が終わるという時に、右手に私の方に走り寄ってくる人が見えたの。ガソリンスタンドの後方にある森の中から出てきたようだった。大きな声で『すみません！』と私の関心を引こうとした。その時、もう一人男が忍び寄ってくるのが見えたの。私の中で何かがおかしいと告げた。護身用ペンがあってよかったと思った。彼に向かって私は大声を上げ、下がるように言ったわ。そして、給油ポンプを置き、車で走り去った。二人とも私の車に向かって突進してきた。車を狙っていたと確信したわ。そして、もし車を奪っていたら、きっと私も連れて行かれたと思うの」。

ヘザーは黄色の状態にいたから、すぐに危害を加えようとする男に気が付けた。車両強盗犯は二人組であることも即座に分かった。警戒していたからこそ、彼女の気をそらしているうちに、もう一人が後ろから忍び寄るという犯罪者たちの計画に引っかからなかった。始めの男に気を取られていたら、車を、いや命までをも奪われていただろう。

黄色の状態を起動するには慣れが必要だが、小さな変化を心がけるだけで、命が助かるかもしれない。まず、携帯電話をしまって頭を上げて道を歩くのが第一歩だ。それと、同時に感覚をもっと鋭くする必要がある。**何かがおかしいと思った時には心の声が教えてくれるだろうから、それに耳を傾けることが大事だ。**そして、危険が忍び寄っている時にもっとアンテナを張っていられる戦術もいくつかある。

照準から逃れろ！　緊急事態で覚えておくべき重要なこと

優れた状況認識を磨くとともに、あなたが怪我をしたりもっとひどい目に遭ったりすることから守ってくれる重要なことを覚えてほしい。**それは、生死を分けるどんな状況下でも、とにかく動くことが必要だということだ。**本書では、「照準から逃れろ」といった表現を使って、私は何度もこのことを繰り返すだろう。体験談を読めば分かると思うが、動く人が助かるのだ。フリーズしたり、立ち止まったりした人たちが怪我をし、下手をすると命を落とす。ナイフを持った人が、あなたに真っすぐ向かってきたら、刺されないように照準から逃れて動けばいい。同じように、大きな嵐を避けるために町を避難することも照準から逃れることだ。動くことで命が助かることを覚えていてほしい。

動く人が助かる

何もないところからは、起こらない！　起こる前の様々なサイン

被害者たちの多くは、攻撃されるとは予想もしなかったと話す。しかし、本当のところは、**犯罪者のほとんどが誰かに攻撃をしかける前にはっきりとサインを出す。**私と妻がボルチモアでランチに向かっていた時、男は意図的に私を見つめ、私たちと同じ歩調で歩き出した。これらは、「事件の前兆」として知られる。「事件の前兆」は、特定の状況において人が示す予想通りの行動パターンだ。これから犯罪が起こることを予知させる、気付くことができる様々な事件前のサインがある。

事件の前兆1　じっと見る

あなたを攻撃対象に選んだら、犯罪者は居心地が悪くなるほどあなたのことをじっと見るだろう。**もし誰かが、あなたを不自然に長く凝視していたら、その場所から離れたり、助けを呼んだりして、彼らの視界から外れるためにあらゆることを試みよう。**凝視する理由は、ターゲットを定めたからであり、そのターゲットは他でもないあなたなのである。犯罪者はあなたを狙うことに決めたわけだから、決して獲物から目を離さない。

事件の前兆2　歩調を合わす

あなたの歩調に合わせるのは、あなたに危害を加えようとしている者しかいない。知らない人と歩調を合わせる行為は不自然なので、もしあなたと歩調を合わせて歩こうとする人がいたら用心した方がいい。これは車の運転でも同じだ。高速で車が横並びになったら、どちらかがスピードを上げるか落とすかをするだろう。しかし、犯罪者の場合は、あなたがスピードを変える度にスピードを緩めたり速めたりしてあなたに合わすだろう。こういうことがあれば、その人からすぐ離れて安全な場所に移動した方がいい。

事件の前兆3　気をそらす

「スパイ・エスケープ&イヴェージョン」クラスを受講していたヘザーは、「すみません！」と言いながら自分の方へ向かってくる男に気を取られなかった。相手の気をそらそうとする作戦を見抜いたのだ。**犯罪者はよく二人組やグループで犯行に及ぶ。**そのうちの一人は、あなたに質問をしたり、助けを要請したりする。またあなたが迷子だったり、明らかにその土地でよそ者のように見受けられたりしたら、手を差し伸べあなたの気をそらそうとするだろう。気をそらすことに成功したら、もう一人の犯罪者があなたの小銭入れ、財布、携帯電話、あるいはもっと大きなものを盗むためのスキが生まれることは言うまでもない。

正常性バイアスを打ち破る！　あなたにも起こる

今日に至るまで、ペネロープは911の同時多発テロの時に地下鉄に乗ったことを後悔している。「ツインタワーの見晴らしが素晴らしい水際に住んでいたわ。ある日、ブルックリンのアパートから出ると、ツインタワーの一つから炎や煙が噴き出しているのが見えたの。明らかに何かひどいことが起きたようだった。たくさんの人が集まって見ていた。誰かが小さな飛行機がタワーの一つに突っ込んだと言った。これを聞いて私はすぐにホッとした。つじつまが合うと思ったの」。目の前の光景に動揺したものの、ペネロープは事故と判断し、いつものように職場に向かった。地下鉄に乗った時に初めて何かひどいことが起きていると知り、自分を危険な状況に置いてしまったことに気付いたという。「二機目の飛行機がワールドトレードセンターに突っ込んだという放送があった。すぐに大事件が起きたことを察知し、怖くなった。何が起きているか分からなかったけど、地下鉄から降りて、すぐにタワーから離れた方がいいと判断したわ」。ペネロープは、その日多くの人がさらされた危険に遭遇しなくてラッキーだったが、いわゆる「正常性バイアス」によって惑わされてしまった。

正常性バイアスのおかげで人は望まない変化に耐えることができる。精神的ショックが大きい事件や悲劇を処理する方法でもある。人間は変化を恐れる生き物だ。ハリケーンやテロリストによる襲撃や伝染病の大流行といった大きな事件が起きようとしている、あるいは既に起こっている場合、できるだけその状況を正常化しようとすることは自然なことだ。ペネロープの言葉通りだ。「テロリストの襲撃を受けているなんて全く思いもしなかった。私の範疇外だった。単純に、私の脳はこれを受け入れることができなかった」。

正常性バイアスは、私たちを守ってくれる作用もあるが、安全でいるためにはそれを認識し、それと戦うことも学ばなければならない。私たちは正常性バイアスによって、きっとこの状況を切り抜けられる、迫りくる嵐もそんなにひどくはならないと信じてしまう。こうして正常性バイアスは私たちを危険な状況に陥れる。起こり得る衝撃を警戒していないと、十分に準備もできない。認識していないと、正常化の偏見は次のような危険な状況を生み出しかねない。

①大惨事を過小評価してしまう

嵐やテロリストによる襲撃がどれだけ悲惨か認識していないと、それが起きた時の準備がないままとなり、もっと危険な状況に足を踏み入れるような行動を起こしてしまうかもしれない。例えば、ペネロープは、ダウンタウンの方へ地下鉄で移動するより、家にいた方が安全だったはずだ。もっと状況を深刻に捉えていたら、マンハッタンに向かうことはリスクが大きいと気付けたはずだ。

②大惨事の準備をしていない

吹雪が来る前の晩、ホームセンターがどれだけ混むかご存知だろう。人々はシャベルや食料など、必要なものを買いに繰り出す。他の災害の時も同じことが言える。アメリカには、定期的にハリケーンや山火事が発生する地域もある。それでも、みんなが物資や食べ物を備蓄し、避難ルートを確保するといった準備をきちんとするとは限らない。中には、正常性バイアスによって、きちんと準備をしない人たちもいる。「ここまで火事は大きくならないから準備の必要はない」と思ったり、「深刻になったら救助がくるだろう」と思ったりする人たちである。

③今まで起こっていないから今後も起こらないと信じている

新しいことを体験する時は、誰もがどのように反応していいか分からない。正常性バイアスに邪魔された人たちは、「今まで起こったことがないから、これからも起こらない」と、物事を楽観的に捉えがちだ。ここ数年を見れば明らかなように、テロリストの襲撃もハリケーンも竜巻きも暴風雪も、予想もしない時間と場所で起こっている。だからといって、常にあらゆる状況を心配しながら過ごせと言っているわけではない。ただ、正常性バイアスによって、準備の整えを妨げられてはならないのだ。**正常性バイアスは、嵐やその他あらゆる災害に備えることだけではない。正しい状況認識をするための心の持ち方も関係している。**

知らなかったが、見えた！　基準値を設けるコツ

一見普通に見える状況が、悪い方向に向かっていることをどのようにして見分ければいいのか。

何か起ころうとしている、つまり状況が少し変わってしまったことを示唆する小さなヒントを、どのようにして見つければいいのか。**危険が及びそうな状況を知る鍵は、基準値を設けることだ。**基準値を設けると、特定の場所や人の態度の中に大きな、あるいは小さな変化を読み取ることができるようになる。

ＢＢＣ放送の現代版ドラマのシャーロック・ホームズは、迅速且つ正確に人から情報を読み取り解釈できる、少々大げさだが最高の例といえるだろう。シャーロックは初めてワトソンに会った時、ワトソンに「イラク？　それともアフガニスタン？」と気さくに聞く。シャーロックは、ワトソンの「アフガニスタン」という答えで、ワトソンが傷を負った軍医であること、セラピストに通っていること、そしてそのセラピストはワトソンのひきずる足は精神状態に起因していると思っていることを、実質数秒間一緒にいただけで言い当ててしまう。シャーロックの正確さに、ワトソンは驚くばかりだ。ワトソンがシャーロックにどうして知っていたのかと尋ねると、「知らなかったよ。ただ見えた」と答える。

さらに、こう説明する。「君の髪型、そして立ち方が軍にいたことを物語っている。部屋に入ると同時に『バーツで訓練を受けた』と言っていたから軍医だろう。分かりやすいよ。君の顔は日焼けしているけど、手首より上は日焼けしていない。つまり、日光浴したわけではなく、海外にいたからだ。歩く時に足を引きずっているけど、立っている時に椅子がほしいとは言わないし、まるでその足を忘れてしまったようだ。つまり、精神的な要因があるからだ。ということは、始めに受けた怪我の環境で、恐らく心の傷を負ったのだろう。きっと戦闘中に傷を負った。戦闘中の怪我、日焼けときたらアフガニスタンかイラクだ」。

基準値とは何か?

黄色の状態となり、周りの状況に注意を払っていても、何が普通であるかを記憶して、比較して普通でないと感じた時に反応しないと、安全のために的確な行動を取ることができない。**ある人や場所の普通の状態を認識するためには、基準値を設けることが必要だ。基準値とは、普通の状態とそうでない状態をはかる情報の物差しのようなものだ。**「最近、すごく素敵だね」と言ってくれる親しい友人は、日頃のあなたを知っているから比較ができるのだ。つまり、その人はあなたの基準値を知っている。日焼けしたかどうかも、そしてよく休んで疲れが取れたことも気付くだろう。もし食欲旺盛な子どもが、突然あまり夕飯を食べなかったら、何かおかしいと感じるだろう。病気の前触れかもしれないし、おやつを食べ過ぎたのかもしれない。もちろん、別の子の場合は、あまり夕飯を食べないのが普通で、逆にいつもよりもたくさん食べ始めたら、何かおかしいと思うかもしれない。これらは、特定の状況の中で、何が普通で何がそうでないかを見分ける日常的な基準値の例だ。ここで大切なのは、基準はみんな同じではなく、私たちの状況や環境特有のものであるという点だ。

場所にも基準値がある

大きな政府機関の建物のほとんどは柵で囲まれ、カメラや警報が設置され、何かあったらオペレーション・センターのような所に知らせるようになっている。現在、監視カメラは、建物内の基準値を設けることで、施設のセキュリティを維持するという重要な役割を担っている。カメラのセンサーが細かい情報を拾い、柵の中の平均的な一日の正常な状態を判断する。人や鹿が柵に近づくなど、何か普段と違うことが起こると、すぐにオペレーション・センターに知らされる。基準値を把握しているカメラが、異変を察知するのだ。**同じように、あなた自身も基準値から外れたかどうか判断のポイントを決めておくといい。**家に着いてすぐに異変を感じることはできるだろうか。あなたの会社の近くで起ころうとしている危険に気付くことはできるか。家や近所の環境やよく行く場所の基準値を決めておけば、そのおかげで命が助かることもあるかもしれない。

マリーは、アパートのドアを開けた瞬間に異変に気が付くことができた。「机の上の植物が倒されていました。私が倒したのではないことはすぐに分かりました」。続いて、マリーは他にもおかしいことに気が付いた。「応接間におつりを入れた入れ物がありましたが、それが引っくり返されていました。それに窓も開いていました。朝、家を出た時は、窓を閉めて行ったはずなのに」。マリーは自分の部屋の基準値を知っていた。家を出る時は窓を閉めると決めていたし、植物もおつりも違う場所に移動していたことを確信できた。アパートの普段の状態をちゃんと知っていたからだ。誰かがアパートに侵入したことに気付いたマリーは、すぐに警察を呼んだ。

残念ながら、マリーのように自分の基準値を知り尽くしている人ばかりではない。フロリダ州オーランドの女性は、二回も強盗に入られたにもかかわらず、怪我をしなくて幸運だった。リサ・ベイリーと彼女の息子のライアンが家に戻ると、ガレージのドアが開いていた。ライアンは朝、学校に向かう時にガレージのドアを開けっ放しにしたと思い込んでしまった。そのまま家に入った家族は、コンピューターとテレビがなくなり、洋服ダンスや引き出しが全て開けっ放しで、冷蔵庫から食べ物がなくなっていることに気付いた。

別の強盗事件の際には、帰宅した家族を黒いジープが待ち受けていた。家の前の通りに駐車された車の後部座席には、泣き叫ぶ乳幼児が乗っていた。警察を呼ぶ代わりに、ベイリー夫人は強盗犯と出くわしてしまった。家に入った瞬間、強盗犯は裏の窓から逃げていった。基準値から外れていることに気付けなかったこの家族が、強盗に傷つけられたり殺されたりしなかったことは、本当に幸運だった。

自分の基準を知り、一貫した状態を保つ

安全でいるためには、基準を知ることが大切だ。家やよく訪れる場所の基準値を定めておくと、何かおかしい場合にすぐに気付ける。マリーは、自分の基準値を知っていて、それを保っていたから、誰かが家に侵入したことにすぐに気付けた。そして、**よく計画を練った、しっかりした戸締りの手順を事前に準備しておくことが大切だ。毎回家を出る度に、この手順を守るようにしよう。**家族や家のニーズを反映したセキュリティ対策が必要だが、次のことも対策に加えよう。

・ドアは全て鍵をかける
・窓は全て閉めて、鍵をかける
・ガレージも閉めて、鍵をかける
・外灯は点灯するか消灯するか決めておく

あなただけではなく家族も、安全対策の手順を知っておく必要がある。外出する前は、ブラインドやカーテンは閉めるか。明かりはつけたままにするか。外出する際に行う普段の手順を家族

全員で話し合っておけば、基準値が犯された時に一人一人がすぐに気付くことができるだろう。**誰か家に侵入していると感じた時は、絶対入ってはならない。自分の安全を脅かすリスクを考えたら、入る価値はない。警察を呼ぼう。**

経験は何を語る?

家の基準値の異変に気付くのと同じように、買物をしている時、仕事に向かっている時、あるいは子どもの学校にいる時も何かがおかしい時は気付いていてほしい。「何かがおかしいと思った」と語る人のニュースや新聞記事を目にすることはよくあるが、自分の周りの基準値に敏感な人々は、何かがおかしいことを示すヒントを見逃さない。こういう人たちは、基準の状態がどういうものか知り尽くしているだけでなく、正常性バイアスにも邪魔されたりしない。

ボストンマラソンの爆撃を生き抜いたエリン・サリスは、異変に気付いたと言う。「何の音か分からなかったけど、雷ではないことは確かだった。高いところにふわふわ雲が浮かんでいる気持ちのいい日だったからね」。サリスはすぐに携帯電話で夫に連絡をし、そこを離れた。しばらくして、こちらに向かってくる救急車の大群を見て、自分が正しかったことを悟った。天候と直結しない大きな音は、危険が迫っているサインであることをサリスは知っていた。

ナイロビの商店街で五人の子どもを連れて買物をしていた三十九歳のアメリカ人女性のキャサリン・ワルトンは、突然残酷なテロリストの襲撃に遭遇した。彼女は、「非常に大きな爆撃音」を聞いた時、すぐに嫌な予感がしたと振り返る。三人の子どもと隠れた彼女は、残る二人の子どもにも危険が去るまで隠れているように携帯電話で告げた。

両方の事例とも、何が起きているのか分かる前に動き、聞き慣れない音を聞いて「大丈夫だろう」という一方的な判断を下していない。つまり、正常性バイアスに左右されていないのだ。**ある状況が危険かどうか判断するためには、「今までの経験を踏まえ、全てはあるべき姿をしているか」を自分に問うといい。**置かれている状況が、自分が普通と考える状態と違う場合は、何かがおかしいかもしれないと考えるべきだ。**「普段通りではない」と経験値で感じたら、反応しよう。**それによって命が助かるかもしれないのだから。

標準的な人間の行動が原点

シャーロック・ホームズのような推理力は持てないだろうが、人について読み解く特殊能力を彼から学ぶところは大きい。その人を見ただけで、どこに住んで、どこで働いているか言い当てろとは言わないが、人や状況について知るための小さな情報の使い方は、学ぶ必要がある。お互いの違いを受け入れるように教わっている一方で、受け入れられる範囲があることは皆の知るところだ。人のふるまいは、ありがちなものから変わったもの、そして受け入れ難いものまで様々な範囲がある。

また文化や価値観や態度といった他の様々な要素からも影響を受ける。特定の場所では受け入れられるふるまいも、他の場所に行けば受け入れ難いものとなるかもしれない。例えば、法律事務所にスーツとネクタイ姿で訪れても違和感はないが、建設現場に労働者がその姿で現れたら浮くだろう。スポーツ観戦の時は大声を出して叫んでもいいが、観劇の時には不適切だろう。ふるまいの基準は、場所で変わるだろう。**しかし、明らかに普通とはいえないふるまいの人に遭遇した時は、用心しなければならない。**

スーパーマーケットの従業員である二十一歳のロックサナー・ラミレズは、カリフォルニア州のピッツバーグで誘拐された七歳の子どもを救出したことが評判になった。態度が怪しい買い物客に不審を抱いたという。「落ち着かない様子で妙な行動を取っていたの。普通じゃなかったわ」と彼女は振り返る。ラミレズは男を眺め、寄って行って助けが必要かどうかも聞いたという。男が店を出てからも目で追っていたら、車に乗っても変な行動を取り続けていた。ラミレズは、警察を呼ぶことにした。

四十五分後、四十三歳の男は拘留され、カリフォルニア州アンティオック出身のナタリー・カルヴォという少女の無事が確認された。ラミレズは、普通とは違う男のふるまいにはっきりと気付いたという。そわそわしていて変だったと男のことを表現した。心の奥で何かが変だと感じたのだ。ラミレズに観察力と行動力があったから、少女は誘拐犯から救助された。

普通ではない行動を取っている人に遭遇する度に警察を呼べとは言わないが、人の普通なふるまいとそうでないものに関心を持つことは大事だ。少なくとも、次のようなことは頭の片隅に入れておこう。

- 天候に合った服装をしているか。暖かいのに、冬用コートを着ていないか
- 変な身振りや態度を取っていないだろうか
- 場所に不釣り合いではないか
- 自分や他人に必要以上の関心を寄せていないだろうか
- 誰かを尾行しているように見えないか
- びくびくしながら周りを見渡していないか。周囲を見張っていないか

犯罪者たちに付け入るスキを見せない

刑務所にいる囚人たちに道を歩く人々の写真を見せ、どの人を狙うか聞くインタビューがよくある。この章を読んだらお分かりだと思うが、**彼らが獲物に選ぶのは頭を下に垂れ、携帯電話に夢中で、周りに注意を払っていない白の状態にいる人たちだ。**道を見渡せば、九十九％の人がスマートフォンに夢中なのは一目瞭然だ。周りに目を配っている人は滅多にいない。しかし、ここで話した戦術を練習し、黄色の状態になって頭を上げ、手に何も持たず自信を持って歩けば、あなたが犯罪者たちの次の獲物に選ばれることはないだろう。なぜなら、犯罪者たちが目をつけるのは、何も注意を払っていない、最も狙いやすい獲物なのだ。

第3章

スパイ直伝「逃避&脱出用キット」

大小の惨事を生き抜くために必要な道具と情報

生き残るために最も有効な策は知識だと信じているが、いくらかの物資や道具があれば命が助かるケースもある。**世の中は予期しないことが起こるから、予測不能なことにも備えていたい。**犯罪や事故、そして災害によって、瞬時に危険が及ぶかもしれないのだ。それほど歴史を遡らなくても、シンプルな道具さえ用意してあれば、生死を分ける違いが生まれることは明らかだ。デービッドとイヴォンヌ・ヒギンズは、五歳の娘とともに二日間もミニバンに閉じ込められるとは思わなかった。テキサス州からニュー・メキシコのスキーリゾートに向かっていた一家は、厳しい吹雪に遭遇した。除雪機の跡をたどろうとしたが、そのうち視界はゼロになってしまった。ミニバンは土手を転げ落ち、すぐさま雪に覆われてしまった。その状況をヒギンズ夫人は「まるでかまくらに閉じ込められた感じだった」と表現した。周りには雪しか見えなかった。スキーウエアを着た家族は身を寄せ合って、旅行のために持ってきていた水とお菓子で食いつないだ。しかし、そのうち三人は酸素が不足し始めた。だが、ヒギンズ家は幸運だった。何とか生き延び、携帯電話が使えるようになると、ヒギンズ氏が兄に連絡を取り、大規模な捜索救助劇によって救われた。

一方、アトランタ州では、数センチの雪によって街全体が全く動かなくなるなど誰も想定していなかった。通勤中の人たちは、雪の中に三時間以上も閉じ込められ、多くの人は道路の横に車を置き去りにした。子どもたちも学校から出られず、親も街全体が大渋滞となっていたために、迎えに行くことができなかった。この時は深刻な事態にならなかったが、備えていないことで悲劇的な結末を招いてしまった例もある。

バトン・ルージュに住むデビー・エスティと彼女の十代の娘は、迫りくるハリケーンをあまり気にしていなかった。苦しい体験談をCNNに供述したエスティ夫人によると、いつもの風雨だけで、嵐は去るだろうと思っていたらしい。だが、嵐は無事に通り過ぎたものの、堤防が決壊するのを見て、家族は危険を感じた。数分後、水は腰の高さまでになった。十六歳のティファニーはハムスターを助けようとする最中に、携帯電話を紛失してしまった。彼女の母親は、クレジットカードを取りに寝室に急いだ。四人に必要な五リットルほどの飲み水も探し出せた（エスティ夫人の六十八歳のお母さんもいた）。屋根裏部屋に逃げ込むことができたが、三年間も車椅子生活を送っていたエスティ夫人を考えると、奇跡的なことだ。水は、屋根裏部屋へと続く梯子の五番目の横木まで到達した。翌日には、水は屋根裏部屋の床にまで入り込み、家族は暗い窓のない（空気孔は一つあった）部屋の隅に身を寄せ合った。食べ物もなく、誰にも連絡も取れず、飲み水も限られていた。残念ながら、エスティ夫人のお母さんは、うっ血性心不全で助からなかった。残りの家族は、エスティ夫人の兄がボートで現れ、救出された。非常に幸運だった。準備不足で、ハリケーン・カトリーナを生き抜けなかった人は多い。嵐を生き延びても、その余波で命を落とす人もいる。

これらの体験談は、いつ、どこで、生きるか死ぬかの大惨事に遭遇するか分からないということを物語っている。外から食べ物も水も得られなくなったら、あなたの家族は家で生き延びられるだろうか。ドライブ途中でトラブルが起きたら、どれくらい生き延びることができるだろうか。天候によって、危険にさらされた事例は挙げたらきりがないが、一瞬で危険が及ぶケースは他にもたくさんある。

いつどこで、生きるか死ぬかの大惨事に遭遇するか分からない

「生き残るために必要な三種類の装備」――私がいつも持ち歩いている物

諜報員が持ち歩いている物と聞けば、大体みんなジェームズ・ボンド風のおかしな機械装置を連想する。回転式のこぎりが出てくる腕時計やペンに隠された盗聴器、さらに面白いのが煙草の中に仕組まれたロケット発射装置といった類いだ。その半分でも本当だったらいいのにと思う。

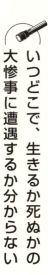

私のノートパソコンが入ったバッグの中には、確かに普通の人が持ち歩かない物をいくつか忍ばせてあるが、ジェームズ・ボンドのようにソブリン金貨も持っていないし、バッグの掛け金をある方向に動かすとナイフが飛び出てくるようなこともない。さらに、催涙ガスが入っている瓶も持ち歩いたことはない。私が持っている道具のほとんどが高価ではなく、持ち運びやすく、そして命を救うかもしれないことは朗報だと思う。自分に合ったものを選びやすいように、私が普段持ち歩く道具を三種類に分けてみた。

一種類目　毎日の道具

毎日の道具は、私が身体に、そして特にポケットに入れて持ち歩くものだ。

○ポケットナイフ

ポケットナイフは、いつでも簡単に取り出せるようにズボンの前ポケットに留めておくのが好きだ。私はベンチメード社のものを好むが、最近はいいナイフを作るメーカーが多数ある。折りたたみナイフは、必ずポケットや財布に忍ばせておきたい自己防衛やサバイバルの必需品だが、使用するのがホットドッグの箱を開ける時のみであることを願っている。

○銃

私は、合法な場所であれば、毎日銃を隠し持っている。銃が大好きな私は、グロック19、スプリングフィールド1911、あるいは腰につけるシグ・ザウエルP226といった、あらゆる種類の銃を持ち歩いている。また、よく右の前ポケットにルガーLCPを忍ばせている。銃を持つ前に、安全や保管の訓練を含めたきちんとした免許と訓練を受けることはもちろん必須だ。銃を所有することを、決して軽んじてはならない。大きな責任が伴うものだ。

○携帯電話

当たり前だが、連絡を取るために持とう。何度も言うが、私はスマートフォンやメールは好まない。状況認識を妨げるし、スマートフォンによって個人情報も簡単に漏れるからだ。携帯電話は電話をかけるものだと思っている。道や車でメールを読んで、スキを作りたくない。一方で、一一〇番したい時には必要だから持っている。

○ヘアピン

意外かもしれないが、安くてシンプルなヘアピンがかなり深刻な状況から救出してくれる例を後に挙げようと思う。私はいつも、特製のガンベルト（CovertBelt.com参照）にヘアピンを入れている。羽のように軽いし、そこにあること自体気が付かないくらいだ。

○猿のこぶし結びのパラコード・キーホルダー

パラコード（もともとはパラシュート用に作られた丈夫なひも）には、たくさんの驚くべき使用方法がある。非常に頑丈で、大きなピンチからも救ってくれる。それについては後の章で触れるとしよう。さらに、猿のこぶし結びはこぶし状に丸まるから、それで殴れば敵に大きなダメージを与えられ、いい自己防衛の道具となる。私のホームページ（SpyEscape.com）で、猿のこぶし結びのパラコード・キーホルダーを見てみてほしい。

○手錠の鍵

私はいつも手錠の鍵をキーホルダーとガンベルトに取り付けている。いつ役に立つか分からないし、機内にも持ち運べる。ＴＳＡ（アメリカ運輸保安局）に取り上げられる心配もない。

○アメリカドル

現金は大事だ。アメリカドルに前ほどの価値はないが、二十ドル札数枚、あるいは百ドル札で、危険な目から抜け出した友人を何人か知っている。海外を旅している最中に、誰かに見つからないで消える必要があったら、現金が必要だ。いつ人に賄賂を贈ったり、他の土地に移動したりしなければならない状況（極端な状況について言っている。通常は、知らない人の車に乗るのは勧めない）に陥るとも限らないから、いつも現金は持ち歩いていた方がいい。

○護身用ペン

護身用ペンは、私の最も好きな自己防衛道具で、いつも持ち歩いている。**これは、どんな人でも使える万人向けのツールだ。**パッと見た感じは、一本のペンで、文房具屋で売っている補充用のインクを入れれば、筆記用具としても使える。筆記用具として使わない時は、攻撃を受けた時の防御に使える。私が特訓した大学生、政府関係者、海外旅行者など何千もの人たちは、皆この護身用ペンを持ち歩いている。このペンは、航空機に使用可能なレベルのアルミニウムでできていて、先が尖っている。尖った方は、人からの攻撃を阻止したり、交通事故で車が水中に落ちた時、沈む前に窓を割ったりするのに使える。訓練の経験から、護身用ペンで突かれるとどれだけ痛いかを知っている。襲撃された時に、このペンで目や腎臓や股間を一撃すれば、逃げる機会を得られる。使い方は、自己防衛の章でもっと詳しく述べるが、私が使っているものを見たければ、TacticalSpyPen.comを検索してほしい。

私が護身用ペンを好きなもう一つの理由は、**どこにでも持って行けるところだ。飛行機の**

中や裁判所にも問題なく持ち込める（駐車違反の罰金を支払うために、私は護身用ペンを裁判所に持ち込んだことがある）。最近、私の訓練を受けた生徒が、護身用ペンを世界で最もセキュリティの厳しい空港として知られる、イスラエルのベン・グリオン国際空港に持ち込んだと報告してくれた。また、ランニングをする人にもこのペンは便利だ。私もランニングは好きだが、この護身用ペンを持ってランニングを楽しんでいる人をたくさん知っている。手にナイフ、あるいは銃を持って道を走っていたら怖がられるが（違法になるし）、護身用ペンだったら誰も疑問に思わないだろう。

◯クレジットカード型開錠用工具

私はいつも開錠用工具を持ち歩いている。鍵のかかった部屋から出る必要に迫られた時に備えていたいからだ。その他に、鍵のかかった引き出しを開けたい時や、近所の人が家から閉め出されて助けてあげる時に便利だ。また、ＴＳＡの目を簡単にくぐることも可能だ。実際、九十パーセントくらいの割合でこの道具を持って問題なくＴＳＡを通過している。五パーセントくらいは、道具を見たＴＳＡの職員に「かっこいいね」と言われる。残りの五パーセントは、点検してすぐに返してくれる。

私が使っているクレジットカード型の開錠工具をSafeHomeGear.comで見ることができる。ほとんどの州で開錠工具は合法だが、持ち歩く場合は州の法律を確認しよう。

○クレジットカード型ナイフ

クレジットカード型ナイフは、服にナイフを留めたくない人向きだ。普通のナイフより、このタイプを好む女性も多い。その名の通り安全且つ簡単に持ち歩けるようにクレジットカードの形に折り畳める優れたナイフだ。カードの真ん中から刃が飛び出し、両側が折り畳めて定位置に戻る仕組みだ。財布の中の単なるクレジットカードが、突然命を守ってくれ、危機的な状況で大活躍する鋭いナイフに様変わりする。使い方の動画を観るには、SpyEscape.comを検索してほしい。

二種類目　パソコン用バッグや財布に入れる道具

私は多忙だ。様々な雑誌に寄稿し、クライアントに会い、たくさんの教室で教えている。外出中は、いつも仕事ができるようにノートパソコンを持ち歩いている。パソコンを入れるバッグには、仕事の資料と共にいくつか大事なものを忍ばせている。

○防弾パネル

防弾パネルは非常に便利な上に、実は使い道がいくつもある。私の防弾パネルのレベルは3A

のもので、警察官が着る防弾ベストと同じ素材のものだ。レベル3Aは、鈍的外傷から身を守るためには最高のレベルだから、リスクの高い状況には最適だ。銃の乱射に遭遇したら、パネルを使って自分の大事なところを守り、命を守ることもできる。また、銃に弾丸を込める時や弾丸を抜く時にも銃口をパネルにあてれば、事故防止につながる。そして、空撃ちの時も、大事を取ってパネルを使うといい（BulletproofPanel.comで、防弾パネルを試している動画が見られる）。

○スペアの銃弾

持ち歩くのが合法かどうか調べる必要があるが、私は合法な場所では、バッグに五十個ほどの銃弾を持ち歩くのを好む。私が使用している銃弾は、ホローポイント弾、具体的には、スピアー社のゴールド・ドットだ。

○開錠用工具

ご存知の通り、もう既にクレジットカード型のものを持っているが、予備で持っていたいものもある。バッグには、普通の大きさの開錠用工具を入れておきたい。

○ポンチョ

雨が降った時も使える上に、緊急時には、シェルター的な役割も果たしてくれる。

○止血用パッド

バッグには、常に止血用パッドも入れてある。銃を教える時も常に身近に置いておく。私の使うクィッククロットという止血パッドは、自然に血液が固まるのを促進させる薬剤を染み込ませたガーゼだ。撃たれたり、刺されたり、交通事故で負傷したりした時のために持っていたい。

○懐中電灯

緊急事態や単なる停電の時にも必要なのが、懐中電灯だ。私の懐中電灯は特に小ぶりで、スパイ・フラッシュライトと呼んでいる。SpyFlashlight.comを検索すれば、どのようなものか見られる。

○マルチツール

私はレザーマン社製のマルチツールを持ち歩くのが好きだ。ペンチやナイフやねじ回しなどが入っているから色々な用途に使える。

◯車用の開錠工具

脱出方法について触れている章を読むと、車の鍵を開ける道具がいかに重要であるかが分かると思う。車を奪って、点火装置をショートさせてエンジンをかける場合、この道具があれば古いモデルの車を開けて中に入ることができる。自動販売機用の偽造硬貨を知っているだろうか。この道具もこれに似て、車の鍵を開ける道具が揃っているものだ。鍵屋や車のディーラー、レッカー車の会社などが使用している。一九九九年以前に作られた車であれば、これを使って開けることができる。その上、この道具は持ち歩いても違法ではない（訳注※　日本では業務その他正当な理由による場合以外は所持していると違法と判断される場合があります）。

◯ダクトテープ

幾万通りにも使えるダクトテープ（粘着力が強く耐水性に優れたテープ。アメリカでは一般的。日本でも購入可能）は、持っていると非常に便利だ。テントの穴を埋めるのにも使えるし、シェルターを作るのにも、色々なものをつなぎ合わせるのにも使える。頑丈なダクトテープに関するホームページまであり、財布やハンモックなど、思いもつかない使い方がたくさん紹介されている。

○火をおこす道具

私は煙草を吸わないが、ライターはいつも持ち歩いている。身体を温めるため、あるいは食べ物を作るために火をおこしたい時に備えておきたい。

○パラコード（もともとはパラシュート用に作られた丈夫なひも）

本書では、何度もパラコードの素晴らしい使い方について紹介する。私は、いつも二メートルほどのパラコードをバッグに入れている。パラコードの使い方は、後で述べるとしよう。

○ボイスレコーダー

携帯電話の多くは、録音機能がついている。それでも、私はボイスレコーダーを好む。百パーセント信用できない人とビジネスをする場合は、商談を録音する時もある。ただ、録音したい場合は、住んでいる場所の法律を確認する必要がある。一つの政党が独占している州では録音は可能だろうが、二大政党の州だと許可が必要だ。インターネットで調べれば、住んでいる州の法律について簡単に調べることができるだろう。

三種類目　車に入れておくサバイバルキット

アメリカ人は車の中で多くの時間を過ごす。車によく乗る人は、どんな時でも車の中に工具箱と七十二時間サバイバルキットを入れておいてほしい。私と妻も各々の車の中に、これらを一つずつ入れてある。

○工具箱

車の中に入れておく工具箱の中身は、特定のものだけだ。

- **斧**　小さな斧を入れておく。材木や、道路を塞いでいる木を切りたい時に便利だ。
- **引き綱**　私はこれを故障した従兄弟の車を牽引するために使った。引き綱があると、厳しい状況にある車を引き出したり、荷物を固定したり、シェルターを作りたい時にも便利だ。
- **手回し式充電ラジオ**　緊急事態の時は、携帯電話や車のラジオには頼りたくない。手動のラジオがあれば、どんな時でも何が起きているか知ることができる（手動だから、電池の心配もいらない）。
- **ライター**　バッグにも入れているが、念のために車の中にも一つ入れている。
- **バール**　窓を割って出る時やフェンスを突き破りたい時に便利で、てこやレバーとしても使える。

・**救急箱**　私は、その辺りの店で売っているシンプルな救急箱を持っている。基本的な怪我の対処法は知っておこう。止血パッドも入れておくといい。

・**地元の地図**　急いで町を出なければならない時は、地元の道や裏道を移動する。緊急事態では、GPSや携帯電話は頼れない。

・**パラコード**　常に六メートルほどのパラコードを車の中に常備しておきたい。バッグ、車など、どこにでもパラコードを持ち歩く私を見れば、どれだけ重要かお分かりだと思う。

・**ナイフ**　車にサバイバルナイフを積んでいる。もちろん、ズボンの前ポケットにも一つ留めているが、一つ以上持っておいた方がいいと思っている。

・**折り畳めるシャベル**　車に折り畳めるシャベルを積んでおくととても便利だ。中でも特にグロック社のものが好きだ。雪や泥の中にはまったタイヤを掘りおこす時に、こういう道具があると簡単だ。

○七十二時間キット

車の中には必ずこれを入れておくべきだと思う。へんぴな場所で事故に遭ったり、車が故障したり、深い雪にはまったりしても、この小さなリュックに入った中身で命をつなげるだろう。キ市販の物を購入してもいいし、自分で作ってもいい。いいキットには、次のものが入っている。

ットには、三日分の食べ物と水が入っている。場所を取らないから、常に積んでおいてほしい。

・**栄養補助食品バー**　四百キロカロリー以上のエネルギーのバーを少なくとも六本入れておこう。防水のパッケージに入っているものがいい。

・**水**　三日分以上の水。賞味期限が五年と長いものがいい。

・**浄水錠剤**　少なくとも十錠持っていたい。十錠あれば、二リットルの水を五本まで浄水できる。使用するには、ただ水に混ぜて、数分待てば安全に飲めるようになる。

・**AM／FMラジオ**　電池を入れるのも忘れずに。緊急事態にラジオがあれば、天候のチェックや、多数のラジオ局の情報を集められる。

・**LEDの懐中電灯**　充電できて、電池切れしないものがいい。取っ手を握って充電できる懐中電灯を探そう。

・**三十時間持続のサバイバル・キャンドル**　芯の位置を調節できるこのロウソクは、食べ物を温めるための小さなコンロとしても使える。

・**五通りに使える緊急サバイバル・ホイッスル**　笛に加えて、シグナルとして使える鏡、コンパス、防水のマッチ入れ、そして火をおこすための火打ち石も兼ね備えている。

・防水のマッチ　緊急時に装備が全部濡れることを考え、防水の物を一箱用意したい。

・緊急用の寝袋　防水と防風機能を備え、体温を九十%保ってくれるものがいい。

・緊急用のポンチョ　暴風雨から身体を守ってくれるフード付きのものを用意しよう。

・サバイバルナイフ　サバイバルナイフの中には、プラスドライバー、缶切り、コルク栓抜き、リーマ（穴あけ）、爪やすり、頑丈な穴ぐり錐、針はずし、マイナスドライバー、キーホルダー、爪楊枝、うろこ引き、毛抜き、のこぎり、ナイフ、蓋外しなど十六種類もの機能を備えたものもある。

・ガーゼの粉塵マスク　アメリカ国立労働安全衛生研究所公認のマスクをお勧めする。

・ポケットティッシュ　少なくとも三個は持ち歩きたい。

・保護用ゴーグル　災害が起きた際に、破片から目を守るために。

・裁縫道具　服を塗ったり、テントやシェルターの破れた箇所を縫ったりする時用に。安全ピン、針、ボタン、そして糸が入っているものが望ましい。

・二十四種類入った衛生キット　歯ブラシ、歯磨き粉、手を拭くためのウェットティッシュ、石けん、シャンプーとコンディショナー、デンタルフロス、ハンドクリーム、ボディローション、デオドラント化粧品、かみそり、くし、生理用品、シェービングクリーム、そして洗面タオルが入っているのが望ましい。

・**小さい救急箱**　様々な大きさの絆創膏、包帯、アルコール消毒綿、そしてガーゼのパッド。
・**トランプカード一組**　楽しむために。
・**ノートと鉛筆**　緊急時に大事な情報を書き留めるために。

種々雑多なもの

私はどんなことが起きても対応できるよう準備しておきたい人間だ。既に述べた三種類の道具の他にも、車の中に入れておきたいものがある。まず一つ目がボルトカッター（ねじ切り盤）だ。ダイヤ型の鋼鉄ワイヤーの柵を切りたい時や、柵から南京錠を切り離したい時に、これが使える。柵を切らなければならないような時は、きっと極限状態にいる時だろう。また、お気付きになっていると思うが、私は特定の物は予備を持っていたい。例えば、七十二時間キットには、少し余分な食べ物と飲み水を入れておく。

今日すぐに買い物に出かけて、これらのものを全て揃えろと言っているわけではない。あなたに一番合ったものを三種類のサバイバル道具に、用意すればいい。しかし、**せめてサバイバル道具の中身を考えるのは、今日から始めてもらいたい。**

安全でいるために情報を集めよう

どんな状況でも生き残れる道具の揃え方を伝えたところで、次は生き残るために必要不可欠な知識を伝えよう。食べ物や飲み水、その他様々なものを用意して大惨事に備える以外にも、家族を安全に守るために予めやっておくべきことがいくつかある。

二〇〇四年に、サリー・ゴードンは家族と友人と一緒に、タイのパトンの貸別荘で楽園を満喫していた。砂浜に立っていたゴードンは、波が押し寄せてくるのに気付いた。何も心配していなかった彼女は、大急ぎでカメラを取りに別荘に戻った。数秒後、大きな波が襲いかかり、貸別荘が全て流された。すぐにゴードンは力強い波にのまれた。彼女は建物を通り抜け、破片に打ち付けられ、浮かぶ車の下もくぐった。奇跡的に、彼女自身は一・五キロほど先の内陸に打ち上げられたが、その日タイを（そして、インド、スリランカ、インドネシアなどの国々も）襲った津波で、親しい友人を何人も失った。家族とは、その後合流できた。息子の一人は、一・五キロ先の内陸まで流され、木につかまった。夫ともう一人の息子は、ゴルフのクラブハウスの上にまたがり、直接波を受けた三番目の息子は、木に引っ張り上げてくれた観光客によって助けられた。ゴードンとその家族は、災害を生き残り、非常に幸運だった。津波で亡くなった二十五万人のうち、九千人が観光客だった。津波を体験した人の話は大体「楽園にいた」、または「ビーチで素晴らしい時間を過ごしていた」というところから始まる。たった数分であのような破壊が起こるなど、誰も想定していないのだ。

海外におけるヒューミント——情報は命を救う

もちろん津波は稀だし、二〇〇四年の津波も観光客が遭遇する中でも最も極端な例だろう。とはいうものの、あの時多くの観光客が、怪我をし、立ち往生し、歴史に残る災害を経験したばかりの国で、旅行先の政府を頼らざるを得ない状況に陥った。

ＣＩＡは、人間の情報源から得られるあらゆる情報をヒューミント（ヒューマン・インテリジェンスを省略したもの）と呼んでいる。軍隊の情報収集法のことだ。**外国を訪れる際は、基本的なヒューミントを行うことがどれだけ重要か、いくら言っても言い足りないくらいだ。**家を出る前に、インターネットで訪れる国について調べ、まず本当に安全かどうかを吟味するべきだ。さらに、その国の病院や大使館、交通手段、そして脱出方法についても人に聞いておくべきである。訪れようと思っている国が、もし津波のような大きな災害に見舞われたら、どこで医療処置をしてもらえるだろうか。どうやって、家族を捜し当てる？

旅行中にサリー・ゴードンのような災難に遭う確立は低いだろう。それでも、ヒューミントによって、安全を確保するかリスクに身をさらすかの違いが出る。**海外に到着した際は、何が普通の状態で、何がそうでないか、きちんと確認しよう。**基準値はどこにあるか。地元の人は何を着ているか。どうしたら溶け込めるか。旅行中は、場違いのように目立ちたくはない。ターゲットにされ、被害者になるのは避けたい。地元の人のように溶け込むのに加えて、旅行中は（旅行中でなくても）次のことに気を付けよう。

・注意を払い、訪問予定の国に関する安全情報に敏感になろう
・最も近い大使館か領事館の連絡先を控えておこう
・自然災害や市民の暴動の際に、脱出経路を考えておこう

自宅でのヒューミント

また、時間のある時に、今住んでいる街の偵察を行っておくことも大切だ。長い間特定の地域に住んでいれば、そこで起こる違いに気付くことも簡単だろう。車に乗っていて、「あれ、あん

なお店、いつできた？」といった会話をしたことのある夫婦もいるだろう。「去年だよ」という返答に驚いた人もいるに違いない。**生まれた時からずっと住んでいようが、最近新しい街に引っ越してこようが、住んでいる場所の知識を集めておくのは重要だ。**少し前に、私はヴァージニア州からユタ州に移り住んだ。最初に取った行動の一つが、新しい街の情報を集めるというものだ。あなたも、次のものがどこにあるか確認しておこう。大惨事の時には、これらのいくつか、あるいは全てを早急に必要となるかもしれないのだから。

・**出口と密集区域**　徒歩か車で脱出しなければならない場合、どの道を選ぶ？　渋滞や封鎖が起こりそうな密集区域を把握し、緊急時には避けるようにしよう。

・**病院**　最も近い病院からどれくらいの距離に住んでいるか。その病院に行けない場合はどこに行く？

・**薬局**　あなたや家族の誰かが怪我をしたり、病気になったりした場合、どこで薬を手に入れるか把握しておくことは重要だ。

・**水源地**　引っ越し先の新しいコミュニティで最初に入手した情報の一つが、自分たちの家から水源地までの距離だ。自分たちが川から九十メートルほど、湖から五キロほど離れたところに住んでいることを調べた。緊急時には、常備している水用フィルターとバケツを持って、家族のために水を汲むことができるだろう。二〇一四年の八月に、オハイオ州トレドの当局が水を飲まないよう警告した時、みんな店にペットボトルの水を買いに走った。水不足にいつ悩まされるか分からない。**家族で緊急事態を生き抜くためには、水の入手方法を把握しておくことは必要不可欠だろう。**

・交番　最も近い交番の位置をきちんと知っておこう。誰かに尾行された時や何か緊急事態の時に、助けを求めることができる。

危機的状況に、すぐにやるべきこと

自然災害だろうと、暴動だろうと、壊滅的な破壊を及ぼす大惨事が起きた場合、その危険な状況から何が何でも抜け出す必要がある。

①行動は命を救うのを思い出し、危険地帯から逃れよう。生き残るためには、とにかく動いて行動を起こすことだ。動かない者が命を落とす。

②すぐに武器を持て。ナイフか銃を持つ時間があれば理想だが（せめて、護身用ペンを身につけていればいいが）、必要ならば、岩、尖ったガラスの破片、または大きな棒も武器になる。

③安全に取りに行ける状況であれば、道具を取りに行こう。理想をいえば、七十二時間キットが手元にあるといい。取りに行くのが危険である場合は、置いて行こう。

食料と水――生活必需品を備えておこう

あなたと家族の一年分の食料と水を用意することを勧める。緊急時に生き延びられるのはもちろん、仕事を失っても家族を養っていけるという心の平穏にもつながる。もちろん、誰もがこれだけの分を用意しておく経済的（そしてスペース的）な余裕はないだろう。**しかし、多ければ多いほどいいと思う。**

○水

一人の人間が、一日に必要とする水は四リットルほどとされている。私は二十八リットル入りのボトルを好む。当然、一人一日四リットルの計算で、あっという間になくなる。

○食べ物の備蓄

一年分の食料を、一度に買い揃えるのは無理だろう。一か月毎に缶詰や穀物類を揃えれば、いつの間にか一年分（あるいは、あなたが必要と思う量）の食料が揃うだろう。

緊急時用に、家に現金をいくら置いておくべきか？

ないよりもあった方がいいから、家にはどんな時でも最低千ドル（約十万円）ほど、細かい紙幣で常備しておきたい。私ならもう少し用意しておくだろう。これだけあれば、緊急事態に銀行から現金を引き出せなくても、しばらく大丈夫だ。緊急時に自分や自分の家族を助けてくれる人にお金を渡すこともできるし、自然災害や停電が起きた時に必要な物を購入できるという心の平穏も与えてくれる。

第4章

脱出の達人になろう

縄や手錠、結束バンド、粘着テープの簡単な脱出法

日焼けサロンで働いている女性が、監視カメラに映る男性に気が付いた。その時、サロンにいたのは彼女だけだった。あっという間に、男は事務所のドアに立っていた。頭を殴られ、軽トラックに乗せられたこの女性は、手足を粘着テープで拘束された。運良くこの女性は、軽トラックから身を投げ出し、助かった。頭蓋骨を骨折し、他にも傷を負ったが、もっと悪い結末に苦しめられたかもしれない。あとで分かったことだが、四十九歳の犯人ケリー・スワォボーダは、自分の軽トラックの荷台の床に鎖を固定し、結束バンドや縄などを積み込み、軽トラックを動く拷問部屋に作り替えていたようだった。スワォボーダは、二十人ほどの女性の情報を調べ上げ、尾行して、ナンバープレートの番号もひかえていたようだ。

粘着テープは、ほとんどの家にあるだろう。荷造りや、ちょっとした修理に便利だ。しかし、もっと悪意に満ちた使い方があるのをほとんどの人は知らないだろう。犯罪者が誘拐や、家屋侵入時にあなたを拘束するために使うのは、おそらく粘着テープだろう。実際、被害者は一度粘着テープで手首を拘束されてしまうと、逃れる方法が見当もつかないので、心の中で諦めてしまう。しかし、私は数秒でこの粘着テープから抜け出す方法を知っている。この章を読み終わる頃には、あなたも知ることになる。また、結束バンドでの拘束の抜け出し方や、手錠をされ車のトランクに閉じ込められた際の逃げ方についても学ぶだろう。私は、これらのスキルを、あらゆる経歴の老若男女（厳密には、九歳から七十七歳）に伝授することに成功してきた。私から学んだ学生たちは、**緊急事態に拘束から抜け出す方法を知っていると、力と自信が持てると話す。**

犯罪者が最も好む拘束法である、粘着テープからの脱出

粘着テープを利用する犯罪者は、何もケリー・スワォボーダだけではない。粘着テープは最も簡単で速い拘束手段だ。一度粘着テープからの抜け出し方を覚えてしまえば、もう二度とそれに怯えることはないだろう。私は、身体の大きい迫力のある男ではないが、その方法を知っているから数秒で粘着テープから抜け出せる。以前、腕が太く身体の大きい武道家たちと仕事をしたことがある。彼らの手首を粘着テープで拘束し、そこから抜け出せるか試してみた。屈強な男たちは、何とかして手を離そうと、テープを引っ張り続けるが成功しない。粘着テープで拘束されると、精神的にも参ってしまう。脱出方法を知らず、ただ引っ張るだけだと、次第に諦めてしまうのだ。

粘着テープから抜け出すコツは、力ではなく、破りやすい角度をいかに作るかにかかっている。普段テープを使う時にテープを破ったことがある人は、破るために正しい角度をつけなければならないことを知っているはずだ。ここでもやることは同じだ。

ステップ1　位置を決める

粘着テープで縛られている時になるべく前かがみになって、肘と前腕をピタッとくっつける。可能であれば、手で拳を作ろう。重要なのは、前腕でピンと張った密閉空間を作ることだ。前かがみになることによって、「服従の姿勢」を見せ、攻撃者たちの目もごまかしやすい。

ステップ2　破る

覚えておこう。**テープをどれだけ引っ張っても、絶対に破れない。簡単にテープを破るための角度を作ることが大事だ。**手を頭より高い位置に、できるだけ高く上げる。速い、一瞬の動きで、腰の横に手を振り下げるように、両腕を下、そしてそれぞれ外側に向かって引いてみよう。SpySecretsBook.comで、私が粘着テープから脱出する様子を見ることができる。

練習しても、すぐにテープが切れないなら、腰の横へ腕や手を引っ張っていない可能性がある。動きを覚えるまで練習してみよう。頭の上から下に向かっての速い、鋭敏な、引き離すような動きで、最後は左右の腰の横に手を振り下ろす感じだ。この動きをマスターしたら、テープは破れるはずだ。

後ろ手で拘束されてしまった場合、または怪我をしている場合

後ろ手で拘束されてしまった場合、どうしたらいいか聞かれることが多い。犯罪者たちも前で縛った方が簡単だから、多分これはあまりないだろう。前の方が、手をつかんで、連れ回したい時も便利である。しかし、後ろ手で拘束された場合、あるいは、怪我をしていてテープを破るための適切な角度を作れない場合のために二番目の脱出法を教えよう。この方法は前述のものと異なるが、目的は同じだ。テープを破るための角度を作ること。**代わりのこの方法は、壁の角、椅子、家具など九十度の角度のあるものを探すことが必要だ。**何でもいいが、単純にテープでつながった手を角の真ん中に持って行き、破れるまでのこぎりのような動作をしよう。これも練習してみると気付くと思うが、テープが破れる速さに驚くだろう。

気を強くもたないと粘着テープは精神的に人を消耗させる

粘着テープで手足を拘束され、口を覆われたらどうすればいいか？

まず、手を自由にするだろう。優先順位は手で、そのやり方は前述した通りだ。次に、息がしやすいように口を覆ったテープを取り外すだろう。最後に、足のテープを外しにかかる。粘着テープは、気を強く持たないと精神的に人を消耗させることを覚えておくといい。粘着テープで拘束されていると、諦めてしまいがちだ。前に父親と一緒に私の授業を受けに来た十七歳の女の子が、全身粘着テープで拘束された状態から抜け出してみたいと言い出したことがある。自らすすんで、頭からつま先までテープだらけで拘束された。足は、膝上十五センチまでテープで拘束され、腕も肘まで拘束された。それに、口にもテープを貼った。この女の子は、三十秒も経たないうちに、全部のテープを取り払い、完全に自由になることができた。**テープに怯えないことは、脱出法を知るのと同じくらい重要だ。**

結束バンドも、正しい脱出法を知らなければ外しにくい。安くて、手に入りやすい結束バンドは、粘着テープ同様、精神的にやっかいだ。もう逃げられないと被害者に思わせてしまう。

結束バンドの脱出法

犯罪者が使う拘束方法で最も多いのは粘着テープだが、必要な時に備え、結束バンドからの脱出法も知っておこう。フロリダ州のジャクソンヴィルでは、十八歳と十九歳の女性が道端に放置され、遺体で見つかった。どちらも結束バンドで拘束されていた。その後、カリフォルニア州チコで内科医のアシスタントが、交通違反でつかまった。調べたところ、女子大生を誘拐し、性的暴行を加えていた。女性たちは、結束バンドで手足を拘束され、テープで目を覆われていた。

○ステップ1　位置を決める

結束バンドで縛られている間、前腕をピッタリつけて、なるべく遠くに手を差し出そう。粘着テープで拘束されている時と同じだ。

○ステップ2　留め具を回す

手を縛っている結束バンドに留め具がついているのに気付くだろう。手のひらが合わさっているところに留め具がくるように移動させよう。手を使えないので、結束バンドの端を噛んで、完璧である必要はないが、なるべく真ん中に持ってこよう。

○ステップ3　破る

結束バンドの外し方は、粘着テープと全く同じだ。前腕をピッタリつけたまま、手を頭よりもできるだけ高い位置に上げる。速い、一瞬の動きで、腕を振り下げ、左右の腰の横に向かって真っすぐ引こう。留め具はポンと開くだろう。SpySecretsBook.comで、結束バンドから脱出する私の様子が見られる。

この方法で結束バンドを外すには力が必要だから、全ての人ができるわけではない。下に腕を引っ張るのと、手を放すのとで完璧な角度を作らなければならない。角度が完璧でないと、上手くいかない。この方法で外れなかったから、もう一つの方法を試してほしい。

パラコードを使う方法

前の章で話したパラコードがここで役に立つ。ポケットや鞄、靴からパラコードを取り出そう。理想をいえば、二メートルほどあるといい。パラコードを結束バンドの間に通し、手の真ん中で下に垂れ下がっている状況を作る。次に、両方の端に、足を入れられるだけの輪を作ろう。パラコードの輪の中に足をそれぞれ入れ、背中を倒す。背中を倒したまま、足で自転車をこぐ動作をすれば、結束バンドは切れるだろう。

靴ひもをパラコードにかえておこう

バッグや財布にパラコードを入れておきたくなかったら、いつもの靴ひもをパラコードにかえよう。簡単に入手でき、色も豊富にある。それに、普通の靴ひものように見える。

縄からの脱出法

ニューオーリンズの夫婦が行方不明になってから十一日目、沿岸内水路に彼らの遺体が上がった。足は青いナイロンの縄で縛られていた。男性の足は、十三キロのおもりにつながれていた。女性を縛っていた縄もすり減っていたので、何かにつながれていたのだろう。

また、一九九六年八月二十一日、男性と車に乗り込んだレオニラ・タラ・コルテズが、生きて再び戻ることはなかった。家族も何かがおかしいと感じていた。彼女が、小さい二人の娘たちを置いて行くはずがない。遺体を正確に識別するのには何年もかかったが、彼女が縄で縛られていたのは間違いなかった。粘着テープほど頻繁に使われるものではないが、極限状態に備え、縄から抜け出る方法も知っておきたい。

○ステップ1　位置を決める

縛られる時は、手のひらをピッタリとつけてもいいが、肘は離さなければならない。粘着テープで拘束されている時のように、前腕をくっつけてはならない。ここで重要なのは、**肘を離すことによって、手首にカーブが生まれ余分なスペースを作ることだ。**

○ステップ2　前方に動かし、こする

肘を離した状態で縛られた後、真っすぐになるまで腕を前方に動かそう。手のひらを合わせるよう注意して。これが終わったら、手を速く前後にこすれば、そのうち片方の手が抜けるだろう。縄がどんなに太くてもこの方法は上手くいく。ただ、縄が細いほど時間もかかり、摩擦で火傷をする可能性もある。脱出法の動画は、SpySecretsBook.comで見られる。

パラコードで縄を解く方法

パラコードを持ち歩いた方がいい理由が、段々お分かりになってきただろう。出会った犯罪者が、結び目を作るのが上手な人だった場合、この方法を予備的な脱出法として覚えておく必要が

ある。このスキルは、三十秒から五分かかるから、部屋に一人で放り込まれた時がチャンスだ。長いパラコードの各々の先に輪を作り、パラコードを縄の真ん中、そして手の間に通す（結束バンドと同じ方法）。垂れ下がった縄の端にループがある形だ。パラコードの輪の中に足をそれぞれ入れ、背中を倒し、足で自転車をこぐ動作をすれば、縄は切れるだろう。

手錠の外し方

知っての通り、手錠は犯罪者たちが好む拘束方法ではないが、それでも脱出法を知っていた方がいいだろう。どれだけ抜け出すのが簡単かを知って驚くだろう。安い道具がいつくか必要なだけだ。既に家にある人もいるだろう。ヘアピン、もしくはスリーピン（一般に「パッチンどめ」と呼ばれるヘアピン）だ。

方法1　ヘアピンを使う

このために、僕はいつもヘアピンを持ち歩いている。安価な日用品であるヘアピンを、数秒で手錠を外せる道具に簡単に作りかえられる。海外に旅行するなら、前もって作ったこの道具をポケットに入れておくことをお勧めする。

○ステップ1　道具を作る

ペンチがあれば、理想通りの形にヘアピンを曲げることができる。単純に、ペンチを使ってヘアピンを真っすぐな線に伸ばそう。ヘアピンの一面は滑らかであるが、もう一面には出っ張りがある。ヘアピンの滑らかな一面の先にある小さな突起を取ってしまおう（ペンチで締め付けて、はぎ取る）。滑らかな面の端を、上に小さく曲げよう。六ミリほど、そして四十五度ほど曲げる。要するに、小さなシャベルを作る感じだ。

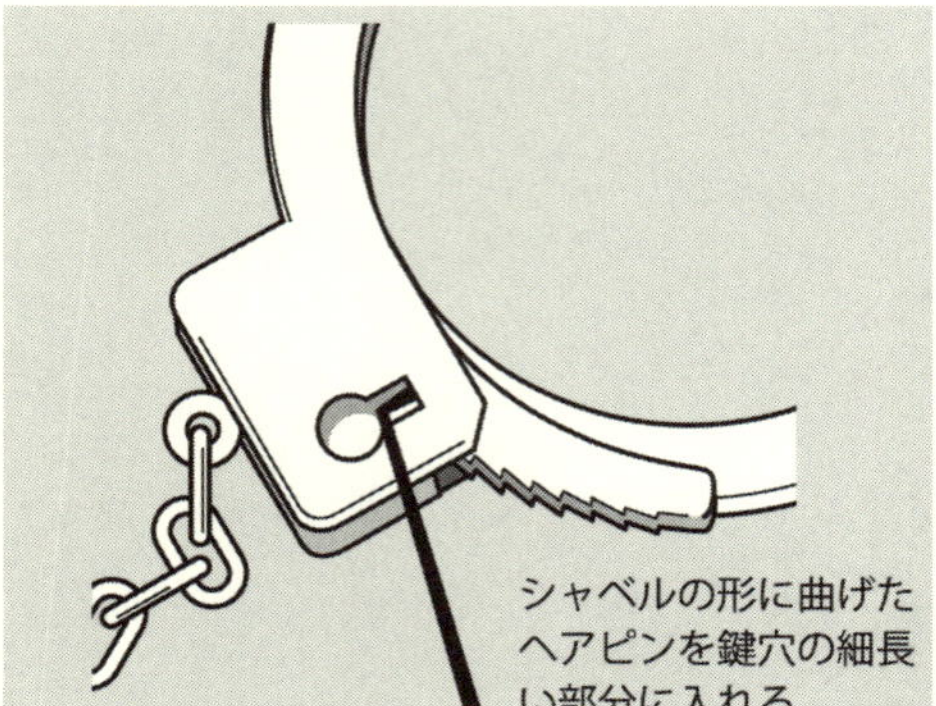

シャベルの形に曲げたヘアピンを鍵穴の細長い部分に入れる

○ステップ2　手錠を外す

次に述べる手順は右手で行ってほしい。手を持ち上げて、手錠のかみ合う箇所（手錠の輪の差し込む口）が下にくるようにしよう。ここでは、手錠の鍵穴だけに集中する。鍵穴は、右側に小さく突出している部分がある円だ。鍵穴の小さい細長い部分に、作ったシャベルを差し込もう（丸い円の方ではなく、小さな細長い部分に差し込もう）。小さな差し入れ口に、ヘアピンを金属に当たるまで挿入する。**金属に当たった瞬間に、ヘアピンを地面に向かって下、それから右に引く。**この二つの動作は、別個のものだ。ヘアピンを入れたら、最初に下、その次右に引く。角度をつけて引くと開かないので注意しよう。

脱出を練習している最中に、ヘアピンのカーブがなくなったら、再びヘアピンを小さく曲げて、もう一度やってみよう。滑らかに優しく下に引き、その次横に引いているかどうか確認しよう。これは、大きな力を必要とする動作ではない。

方法2　スリーピンで作った金属片を使う

○ステップ1　道具を作る

「パッチンどめ」と呼ばれているシンプルなスリーピンが必要だ。ヘアピン同様、これもまた事前に加工しておくのが望ましい。最終的な目的は、スリーピンを使って、手錠が閉まらないよう手錠の噛み合わせを遮る金属片を作ることだ。まず始めに、スリーピンの真ん中の部分を外そう。上に曲げてパキッと取ってしまえばいい。次は、上部の太い部分を外す必要がある。ペン

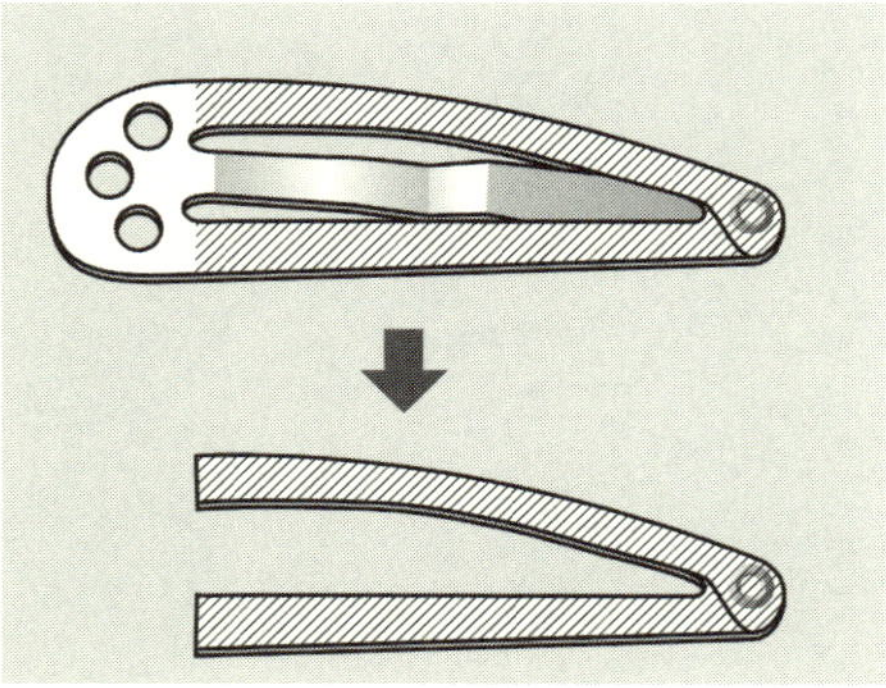

チを使って、ポンと外れるまでこの部分を左右にひねればいい。残るのは、V字型の薄い金属片だ。V字型の先はきっと上に向かってカーブを描いているだろうから、ペンチを使って真っすぐに伸ばそう。スリーピンの端は、なるべく真っすぐにしたい。

○ステップ2　V字型の金属片を挿入する

この方法は、手錠の輪の差し込み口だけで作業する。**手錠の輪の差し込み口の空間に、スリーピンで作ったV字型の金属片を差し込む。**手錠の輪が入っている箇所を押し、すぐにV字型の金属片を一番奥まで挿入する。先に輪が入っている箇所を押すことによって、V字型の金属片を奥に差し込む勢いを与える。もうこれ以上いかないというところまでV字型の金属片を差し込んだら、そこで抑えたまま、輪を外しながら手を手錠から抜く（V字型の金属片は、手錠の差し込み口を遮り、閉まったままの状態を回避するから開けることが可能となる）。手錠から抜け出る方法を見たい場合は、SpySecretsBook.comにいってみよう。

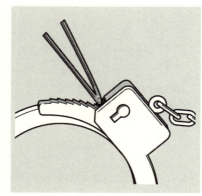

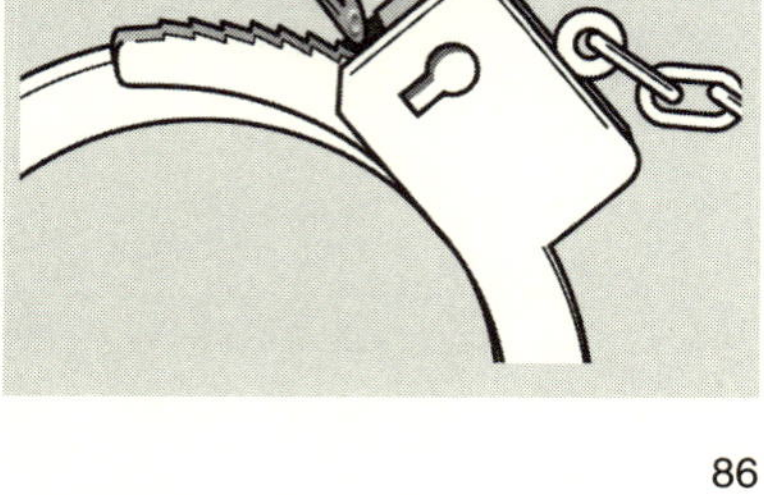

車のトランクにチャレンジする場合は

私の教える、最も挑戦しがいがあるワクワクするトレーニングは、車のトランクからの脱出だ。手錠から抜け出ることを覚えたら、生徒たちはこの次の段階に挑む。手錠をされて、頭を布で覆われたまま、鍵のかかった車のトランクからの脱出にチャレンジするのだ。恐ろしく聞こえるが、私の生徒で速い人はたった数秒で、そして二分以内にほぼ全員が脱出に成功する。

あなたに冒険心があり、トランクに挑みたいなら、いくつか注意事項がある。まず、時間をかけてゆっくりやろう。車のトランクは、小さな閉ざされた空間だから、血圧も上がり、速く動かなければならないような気持ちにさせられるが、**たっぷり時間を使ってゆっくりやってみよう。**ヘアピンか金属片を落としでもしたら、暗闇の中で探すのは容易ではない。

最近の車は、暗闇で光る緊急用のレバー式のトランクオープナーがある。これを探すのはあまり苦労しないだろう。古い車に乗っていて、このレバーがなかったら？　このようなことが起きても、まずはパニックを起こさないこと。トランクの錠は特別頑丈なものではない。**四つん這いになり、背中でトランクを押してみよう。**車種にもよるが、うまくいけばポンと開くだろう。

他の選択肢？　他の方法がなければ、後部座席をぶち破ろう。この訓練は何か問題が起きた場合に備え、外に出してくれる友人が近くにいる時に行いたい。

誘拐された！　さあ、どうする？

誘拐犯らしき人には、全力で抵抗しなければならない。言いなりになってはいけない。蹴って、叩いて、叫んで、武器を使う時である。カリフォルニア州レディングのジェシカ・ガーナーは、道を歩いている時に、男が、自分の車の中で売っているものを見ていくように誘った。彼女が無視してその場を離れようとすると、男は彼女のシャツをつかみ車の方に引きずりこもうとした。ガーナーは男を蹴り上げ振り払った。男は車に乗って走り去ったという。

また、別の例では、誘拐され、もう一人女性を乗せた車をニュージャージーからカリフォルニアまで運転させられた十代の女の子は、機転を利かせ、パトカーに衝突したという。警察官に事の成り行きを話し、犯人はその場で逮捕されたらしい。皆が、こんなラッキーだとは限らない。カールレシャ・フリーランド・ゲイサーは、名付け子のために開いたパーティーの帰り道に誘拐された。監視カメラの映像を見ると、男が車を道路の横につけ、フリーランド・ゲイサーに近づき、通りを引きずっているのが映っていた。一瞬、車から男を引き離すことに成功するが、結果的に車の中に押し込められてしまう。

万が一、誘拐犯を振り切ることができなかったら、捕まってから二十四時間が重要だと覚えておいてほしい。映画では描かれないことの一つだが。獲物を捕獲した誘拐犯は、恐らく獲物を連れ回すだろう。どこか見つからない家に移動するかもしれないし、何度か移動して発見されにくい状況を作るかもしれない。

どんなことがあろうと、この最初の二十四時間以内に脱出することが大事だ。なぜなら、まだ遠い場所に連れて行かれていないことに加えて、恐らくあなたも一番強くいられる時間帯だからだ。お腹に食事も水もまだたっぷりある状態のはずだ。しかし、三週間後にはもっと衰弱してしまっているだろう。誘拐犯は、きちんと食事を与えないだろうし、その結果力が出せないから、逃げ出せる可能性も低いだろう。

さらに、誘拐犯に勝てないと分かったら、ひとまず従順なフリをした方がいい。誘拐犯を直接見ず、従うような態度を取ろう。**しかし、相手に従順だからといって、諦めたわけではない。**全て演技だ。従順を演じる理由は、誘拐犯にさらなる拘束を加えた方がいいと思わせないためだ。粘着テープで拘束されて、悲鳴を上げ続けたら、面倒だからと車のトランクに入れられてしまうかもしれない。それは避けたい。従順なフリをしながら、どうやって脱出できるか慎重に計画を練ろう。脱出できるような、ちょっとしたスキを見つけよう。脱出するタイミングを見計らい、周りに誘拐犯もいないのを確認したら、一か八かで必死に逃げよう。

有刺鉄線やレーザーワイヤーのフェンスを飛び越える

練習のために、有刺鉄線を飛び越えろとはいわないが、本当に脱出しなければならない時に備え、やり方だけは知っていた方がいい。

有刺鉄線を飛び越える

・**用意するもの**　有刺鉄線を覆うための重い平たい素材を用意する（ピンチの時は、厚手の毛布、マットレス、または大きな段ボールでもいい）。

・**方法**　有刺鉄線を越えるのは十分注意が必要だが、それほど難しいことではない。見つけることができた素材で有刺鉄線の囲いを覆って、その箇所を越えよう。

レーザーワイヤーのフェンス

レーザーワイヤーのフェンスは、深刻なダメージを与えるようにできている。レーザーワイヤーを飛び越えたら、深い傷を負って出血死する可能性が大きいだろう。少なくともそう遠くへは行けないはずだ。メキシコの国境で、最近アメリカに入国しようとしてレーザーワイヤーにからまった男がいた。救急隊によって助けられたが、助け出すのに一時間近くかかった。一年間で、二十一人もの人をこのレーザーワイヤーから救出しなければならなかった。極限状態以外は、この選択肢は避けた方がいいだろうし、どうしても決行しなければならない場合は、十分注意して行おう。

・用意するもの　何人かで構成されたチーム、杖またはそれに代わる曲がった棒、有刺鉄線を越える時と同じような平らな素材。

・方法　チームのうち二人が、長い杖や棒をレーザーワイヤーに引っかけ、平らになるまで、レーザーワイヤーの輪を下に引っ張る。二人がレーザーワイヤーを平らに引っ張っている間、他のメンバーがレーザーワイヤーに平坦な素材を被せて越える。最初の数人が渡ったら、長い杖や棒を押さえる役を代わって、残りのメンバーが渡るのを待つ。

点火装置をショートさせて車のエンジンをかける

点火装置をショートさせてエンジンをかけることは違法なのでお勧めしない。しかし、生き残るために、点火装置をショートさせ、エンジンをかけて車で逃げるのが唯一の方法である時のために備え、これを伝授しよう。しかし、このスキルを、自分や他人の車で練習してはならない。車に大きな損傷を与えてしまう。

ある知り合いは、どうしてもこれを行わなければならなかった。荒野の真っただ中の川に、泳ぎに行った男だ。何があったと思う？　水着に車の鍵を入れたまま川で泳いで、鍵をなくしたらしい。幸運なことに、彼の車は古い車種だったので、指示に従って、点火装置をショートさせてエンジンをかけ、家に帰ることができた。この男は大ピンチを迎えていたからやむを得なかったが、これを行うと車がダメになることを覚えておいてほしい。

車を選ぶ

手順に入る前に、緊急事態の際に選ぶべき車についてちょっと触れたい。まず、周りを見渡して、ドアに鍵がかかっていない車や、シートに鍵を置いたままの車がないか確認しよう。一番いいのは、鍵のかかっていないレッカー車だ。レッカー車には、マスターキーのセットがあるから、周囲にあるどんな車でも運転できるようになる。もちろん、都合よく目の前にレッカー車や、鍵のかかっていない車はない時もあるだろう。次に考慮すべきは、一九九九年以前に製造された古い車だ。実は、こういった古い車はどこでも見つけることができる。気にかけたら、どれだけまだ古い車が走っているかに気付き、驚くだろう。運転している時に、注意を払って探してみよう。どこでも見つけられることを保証する。

・必要なもの　ワイヤーカッター、ペンチ、マイナスとプラスのドライバー、金づち、絶縁手袋、車、絶縁テープ

・方法　意外と簡単にできるが、緊急時のために、車、バッグや財布の中に手順書を入れておきたい。練習もできないから、緊急時には全く覚えていない可能性もある。

①点火装置をショートさせる車を選んだら、鍵を入れるように鍵の差し込み口にマイナスドライバーを入れよう。金づちでドライバーを叩こう。鍵を回すのと同じ要領で、ドライバーを回そう。ドライバーが回しにくかったら、ペンチを使おう。たまに幸運だったら、この動作だけでエンジンがかかることもある。

②プラスのドライバーを使って、ステアリングコラムの上と下にあるプラスチックのパネルのネジを外そう。パネルを外すと、たくさんワイヤーがあるのが見えるだろう。

③二本の赤いワイヤーを確認しよう。車の動力源となっているワイヤーだ。

④絶縁手袋をつけよう。

⑤赤いワイヤーの端を切って、先を剥ぐ。二本の赤いワイヤーの端を合わせてねじる（切ったワイヤーからそれぞれ赤いワイヤー一本ずつ。同じワイヤーの端は一緒にねじらない。違うワイヤーを一緒にねじる）。

⑥エンジンを起動させる茶色いワイヤーを見つける。茶色いワイヤーが一本の車もあれば、二本の車もある。

⑦茶色いワイヤーを両方切り、先端を剥ぐ。

⑧茶色いワイヤーが二本の場合は、二本のワイヤーを接触させ、エンジンをかけよう。車のエンジンがかかったら、ワイヤーを接触させてはならない。離しておこう。触れないように絶縁テープで巻いておいてもいい。これによって、電気ショックを受けることもない。

⑨茶色いワイヤーが一本の場合は、茶色いワイヤーと赤いワイヤーを接触させてエンジンをかけよう。エンジンがかかったら、ワイヤーを離し、茶色いワイヤーの先に絶縁テープを巻いておこう。

車の窓を割る

生き残るために、車に侵入しなければならない時は、しかもそれを人に知られずにやらなければならない時は、粘着テープが役に立つだろう。テープを使って、窓にXの形を貼り付けよう。こうすることで、窓は静かに割れるし、破片もあちこち飛び散らない。そして、護身用ペン、あるいは他の物を使って窓の四隅を叩こう。一番きつくガラスが張られているところだから、割れやすいだろう。窓の真ん中を叩いても跳ね返されるだけだ。

鍵をピッキングする

言うまでもないが、頼まれない限り人の家の鍵をピッキングしてはいけない。私はいつも近所の人に頼まれているが。閉め出されると、みんな私のところに来る。ピッキングの道具は、安いし楽しい。説明書を読めばできるようになるから、みんな近所で閉め出されたら、今度はあなたのところに来るようになるだろう。これ以上説明する前に、SafeHomeGear.comを見れば、私が使っているクレジットカードの大きさのピッキング道具を見ることができる。また、いつも質問されることだが、ピッキングは五回、十回の練習なら錠を傷めることはないだろう。しかし、百回やったらダメにしてしまうから気を付けよう。言いかえれば、時々玄関の鍵のピッキングを試す分には問題ないが、一日二時間を練習に費やせば、錠が壊れてしまうだろう。

あなたの錠はどれだけ安全？

ピッキングのやり方に入る前に、家の錠が安全であることの重要性について述べたい。少し前に、ソルトレイク地区にいた私は、弟の新居を訪ねることにした。彼は家にはいなかったが、数秒後、私は彼の家に入り、おやつを食べていた。ほとんどのアメリカ人の家と同様、弟の家は非常にピッキングしやすい錠だった。私の知っている限り、ドアの錠の七十五％はクイックセット社製で、とても簡単に開けられるものだ。これらは、手に入りやすい上に安価なために、あちこちの建築業者の間で使われている（大型の建設資材売り場ならどこでも売っている）。クイックセットの錠を使っている方は、買い替えを強くお勧めする。それほど大きな投資ではないし、結果的にあなたの家族はより安全に過ごせるだろう。シュラーゲ社やメディコ社は、私が個人的に好んで使用している錠のブランドだ。

レールピック（先がギザギザのピック）とＬ型レンチ

鍵をピッキングするのに必要な道具は、レールピックとＬ型レンチだけだ。私はこれら二つともを、クレジットカード型の錠破りのセットの中に、いつも持ち歩いている。ピッキングで一番難しいのは、Ｌ型レンチを使う時の正しい加減だ。圧力をかけ過ぎると、錠は何かの侵入だと勘違いして開いてくれない。圧力は最小限にとどめよう。基本原理は、正しいと思う方向に十回ほど繰り返し回すことだ。次に述べる手順の中で、Ｌ型レンチを挿入する際は、このことをよく覚えておくといい。また、ピッキングには腕がいることを知っておこう。練習すればするほど、正しくやっているか素早く見分けられるようになるだろう。

○ステップ１　Ｌ型レンチを挿入する

繰り返すが、Ｌ型レンチにはほんの少し力を加えて、錠の下部に挿入しよう。道具の長い部分は、横に垂れ下がっている感じだ。Ｌ型レンチに指を添え、非常に弱い力を加えよう。

○ステップ２　レールピックを挿入する

うねっている方を上にして、レールピックを錠に差し込む。

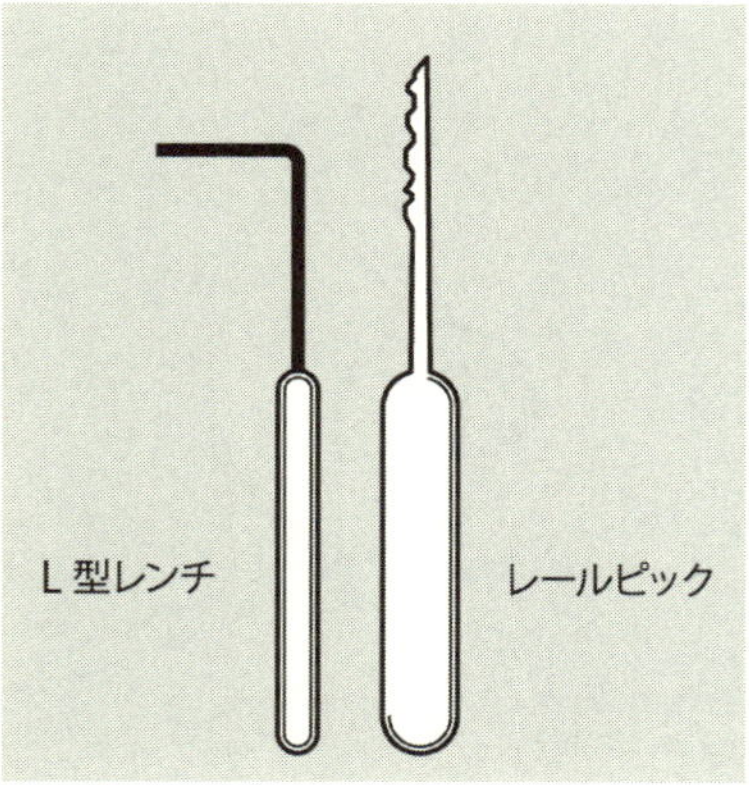

レールピックの上部に少しだけ力を込めながら、前後にこする。レールピックを歯ブラシと思い、錠の中を歯磨きする感じで前後するのが好ましい。ピッキングの間、ずっとL型レンチに同じ力を与え続けることが大切だ。力を加えると、上手くいかない。

○ステップ3　五番目のピンを探そう

錠の内部にある五つのピンが全て正しく作動されたと錠に信じ込ませることができれば、ピッキングは成功だ。たった数秒で四番目のピンまで到達しても、五番目のピンを探し当てるのに動きを変えなければならないことはしばしばある。

五番目のピンを探すには、レールピックの動きを変えなければならない。錠の前後に到達しているのを確認しながら、今度はレールピックを上下に揺らそう。五番目のピンに到達したら、L型レンチに圧力が感じられ、錠は開くだろう。

私のコースの受講者たちの中には、これをすぐやってのける人もいる。一方で、時間がかかる人もいる。ピッキングは難し

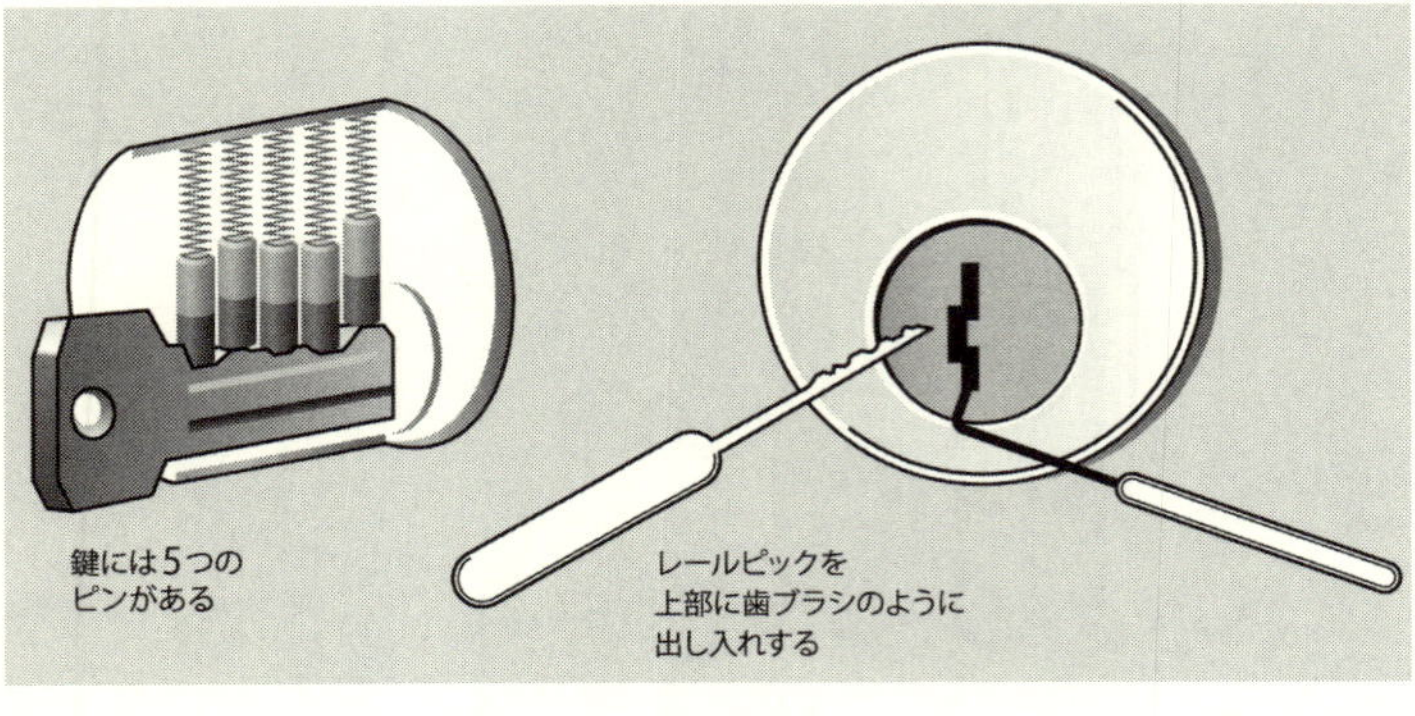
鍵には5つの
ピンがある
レールピックを
上部に歯ブラシのように
出し入れする

くはないが、練習が必要だ。ピンの全てに到達する道具の動かし方をつかめば、数秒でピッキングはできるようになるだろう。このスキルのいいところは、ドアだけでなく、南京錠や書類棚の鍵も開けることができる点だ（以前、テレビ番組に招かれ、三十秒以内に書類棚の鍵を開けるところを披露したことがある）。ピッキングのやり方を映した動画は、SpySecretsBook.comに行けば見ることができる。

第5章

侵入不可能な家にする

家に泥棒を呼び込まない方法

物音を聞いたのは、午前三時頃だった。大きな音で、妻も起きた。警報機はどれも鳴っていなかったが、すぐに家に誰かが侵入したかどうか判断する必要があった。私は、シンプルだが、機能的な防衛計画を実行に移すことにした。ベッド脇のテーブルから懐中電灯をつかみ、金庫を開け、銃を取り出し、階段の上の踊り場まで行った。ここまでで七秒以内だった。

他に聞こえてくる音もなかったが、家から出て行くように叫んでから、侵入者を追い出すために階段を下りた。結果から言うと、侵入者などいなかった。戸棚に立てかけてあったエアマットレスが落ち、大きな音を立てただけだった。その夜、私の家は無事だったが、残念ながら多くのアメリカ人がこのように幸運とは限らない。

家への侵入は、どこでも、そして誰の身にも起こり得る。ニューヨーク郊外に位置するニュージャージーのミルバーンでは、男が家に突然侵入し、二人の子を持つ母親を十分間も殴った。この襲撃は、子供部屋のカメラ映像に残されていた。暴力的なこの容疑者は、過去に十二回も有罪判決を受けていたことが分かった。ニューヨークのスタテン・アイランドに住む六十七歳のピーター・ギアルイジは、パーティーから家に帰ったところ、車庫にいる泥棒と出くわした。ギアルイジは刺されて致命傷を負い、彼の妻も重傷を負った。

住居侵入の窃盗は増加傾向にある。住居侵入のニュースを聞く度に、多くの人は「私には起こらない」と思っているだろう。しかし、次のＦＢＩの統計も知っておいてほしい。

・五軒に一軒は、押し込み強盗や侵入の被害に遭う
・八十五％の強盗犯は、侵入する前に家を調べ上げる
・五十％の強盗犯は、侵入する前に宅配業者を装う
・九十四％の強盗犯は、侵入時にドラッグを服用し、ハイになっている
・三十％の暴力的な攻撃は、侵入強盗中に起こる
・六十％のレイプは押し入った強盗中に起こる
・三十三％の強盗犯は、開いていない窓やドアから家に侵入する

また、強盗犯には二種類いる。昼間に侵入する強盗はプロだ。このタイプは、既に家を調査済みだ。あなたの留守を見計らって、仕事などに出かけている間に侵入する。ダイヤモンドのブレスレットやパソコンを探すまで、あなたも盗まれたことに気付かないだろう。もちろん昼間に侵入する強盗に出くわさないことを願うが、もっと深刻なのが夜の強盗だ。**夜中に侵入しようとする強盗は危険だ。**このタイプは、ドラッグでハイになっているか、精神的に病んでいる可能性が高く、あなたが家にいようがいまいが関係ない。いや、むしろ実は家にいてほしいと思っているかもしれない。家にいれば、現金のありかや金庫の開け方を聞き出すことができる。無慈悲な連中なので、自分にも家族にも近づけたくない。

犯罪者のように考えよう

一見恐ろしく聞こえるかもしれないが、犯罪者たちの立場で考えると、自分たちの家が彼らにとって魅力的に映るかどうか判断できる。お金のかからない、とても簡単な変化を加えることで、犯罪者たちに「この家は避けよう」と思わせることができるのだ。

戦術1　近所を調べよう

○家族で散歩して、自宅侵入を防ごう

最初の戦略は、あなたの家の通りをただ歩くだけという簡単なものだが、たったこれだけのことで、強盗を防げる可能性がある。住宅地の一角にある他の家を見てどう思うか、泥棒の目線で見てみよう。どの家に侵入するか。家に人がいるように見えるのはどれで、反対に、留守のサインを出しているのはどれだろうか。家に人がいるかどうか判断するのに、強盗たちが使う情報を知ろう。まず、玄関のポストをチェックしてみよう。新聞が束となって歩道に落ちていないだろうか。郵便受けから手紙が溢れていないだろうか。芝は刈られていて手入れが行き届いているだろうか。車庫の扉を開けたままなのはどの家か（これについては後ほど詳しく）。これらの情報は全て家が留守だという合図を強盗に送っている。もう一つ大事なことは、ゴミが収集された後は、必ずゴミ箱を回収することだ。ゴミの日を予測するのは、強盗にとって簡単なことだ。収集日を過ぎても家の前にゴミ箱が出しっ放しの家は、恐らく留守にしていると特定できる。**自分の家はしっかりしている、というメッセージを発信したい。**近所で、これらのことをきちんと行っているのはどの家か把握することが、自分の家を最も安全に装う第一歩だ。

○荷物を受け取る予定はある?

ニューヨークの閑静な界隈で、三十四歳の男性がフェデックスの荷物を受け取りに玄関に出た。ところが、ドアを開けた瞬間、銃で顔を殴られ三人の武装した男たちに略奪された。数千ドルの現金、スマートフォンと宝石を盗られたらしい。メリーランド州のボウイに住むリチャード・ピークスは、庭仕事をしていると、箱を持ったフェデックスの配達員を装った男が近づいてきた。配達員が水を飲みたいと言うので、それに応じてあげていると、あっという間に男は銃を抜いた。同じように、偽のＵＰＳの運転手に遭遇したミズーリー州セント・ルイスの女性は、生きているのが幸運なくらいだ。ＵＰＳの運転手を装ったその男は、ベルニース・クックというこの女性に、荷物が届いていると告げた。段ボールの箱とクリップ・ボードを持っていた。彼女の家に強引に押し入った男は、粘着テープで彼女の手足を拘束し、さらに、ガスレンジに固定し、現金と宝石を要求した。

荷物を受け取る際は、用心しなければならない。荷物が送られてくる予定がなければ、玄関に出てはならない。配達員が本物かどうか確認したければ、自分に配達の荷物があるか番号を配達会社に伝えて聞いてみよう。もちろん、脅威を感じたらすぐに警察を呼ぶべきだ。制服を着ていて、配達会社の者だと言っているだけで信じてはならない。

荷物を受け取る予定がなければ、玄関に出てはならない

○用心すべきは配達員だけではない

帰宅すると、ＵＰＳやフェデックスから荷物が届いていることを知らせるシールが貼られていることも多いだろう。今度これを見つけたら、すぐにシールを外し、本当に荷物があるかどうか確認しよう。ドアや窓に貼り付けられたものは、大体において注意すべきだ。クイーンズ地区のフレッシュメドウズに住むピーター・ハートは、自宅の窓に黒い絶縁テープが貼られているのに気付いて幸運だった。ＣＢＳテレビに次のように伝えている。

「最初、『これは一体何だ』と思ったよ。でも、ひょっとしてこれは誰かが家をマーキングして

いるのではないかと思ったのさ」

フェデックスの用紙と同じように、泥棒が調べ上げた家をマーキングするために、こういうテープを使うことがある。もし、テープが数日後もそのままだとしたら、家を留守と決め込み、侵入する計画を遂行するだろう。アイルランドの犯罪組織は、この方法を新しい段階に引き上げ、利用していた。ダブリンとリメリックの住宅街に、チョークの印が表れ始めた。チョークの印は、偵察隊が泥棒たちに情報を回すために使っていたものだということが後で分かった。「いい標的」「リスクが高過ぎる」「盗む価値がない」「金持ち」「警報機が鳴る」「強盗済み」、そしてもっと不快な「心配性で恐がり」や「簡単に騙せる気の弱い女性」などを意味する様々な印を使っていた。**家に取り付けられた紙切れやチラシ、あるいは変わった印に気付くことは、あなたとあなたの家族の安全を守るためには必要不可欠である。**

戦術2　自分の家を調べる

多分私たちは、思っている以上に家の手入れをするために多くの時間を費やしている。人を迎え入れやすいよう魅力的に繕うのを好むものだ。芝生を刈り、花を植え、見栄を張って、誇りを保つ。しかし、それに費やした労力によって、思ってもいない人たちの気を同時に引いている可能性もある。犯罪者たちは、簡単に侵入できるかどうか、どのようにして貴重品を奪えるか、吟味しながら家を眺めている。残念ながら、家をより魅力的に見せるために私たちが努力しているうちのいくつかには、犯罪者たちに「どうぞ入って好きにして下さい」と言わんばかりのものもある。**だから、犯罪者の目で、近所の家のみならず、自分の家を調べて、どういう要素が弱点で犯罪者に狙われやすいか見極める必要がある。**

まず、家の周りを歩いてみよう。伸びきった低木や茂みを含め、犯罪者が隠れられるような場所を探そう。もし誰かがあなたの自宅の庭に侵入したら、あなた、あるいは近所の人が簡単に見つけられるようにしなければならない。

また、高価な物がたくさんあるという印象を与えている場合もある。家の前の通りに高級車は止まっていないだろうか。ブラインドを閉じ忘れたために、大画面の薄型テレビが、家の前の庭から丸見えではないだろうか。何も家をみすぼらしく見せろとか、いい車を楽しむのをやめろと言っているわけではない。**ただ、犯罪者に自分の貴重品を宣伝するようなことだけは避けたい。自分の所持品は、犯罪者たちになるべく見せない方がいい。**

○安全のために片付けよう

前の庭に置いてある子どものスクーターや自転車は害のないように思えるが、こういう物は一日の終わりに片付けて、鍵をかけることが大事だ。子どものスクーターは、窓ガラスを割るのに最適だ。投げつけて使用できる他のどんな物や道具も同じだ。シャベルや園芸用具、その他の道具も目に見えるところに置いたままにせず、きちんと片付けて鍵をかけよう。

戦術3　夜、自分の家を調べてみよう

自宅を日中観察すれば色々なことが学べるが、同じことを夜にも行うことが重要だ。家の周辺を歩き、犯罪者だったらどこに隠れるか考えよう。ゴミ箱のあたりに誰か隠れていたら気付くだろうか、それとも暗過ぎて分からないだろうか。犯罪者が隠れることができる、特に玄関付近の暗い場所を特定しよう。照明に気を配ろう。家の周辺は明るく照らされているだろうか。侵入者が接近するのに気付けるだろうか。家の弱点も知ろう。犯罪者たちを遠ざける物理的、精神的な策略については、また話すとしよう。

○車庫の扉を閉め忘れない

車庫の扉が閉まっていたら、インディアナポリスの暴力的な強盗は起こらなかっただろう。朝の七時半頃、四人の男が家に侵入し、男とその妻、そしてその娘を脅した。携帯電話、現金と車の鍵を奪った。妻は足を撃たれた。聞くところによると、車庫の扉は閉まっておらず、犯罪者たちにとって侵入しやすい状況だったらしい。

車庫の扉を閉じ忘れるのはよくある。自転車や子どものスクーター、あるいは歩道にゴミを出すために車庫を開ける。**車庫の扉が開かれていると、家へのルートも開かれていることを忘れないようにしよう。それに、車庫の中に人の視線を引き寄せることも避けたい。**車庫の中に高価なものがあることや、車があるかといった情報も、犯罪者に知られたくない。車庫に車がないということは、普通はその時誰も家にいないということを意味するのだから。

さらにいうと、車庫の扉の開閉装置の安全な保管場所も考えておく必要がある。車の中に入れておくのが都合いいのは分かるが、車に乗っていない時のことも考えよう。ほとんどの人が、車の中に装置を入れっぱなしにしていることを犯罪者は知っている。家に入りたければ、単純に車の窓を割って装置を奪えばいい。車の窓ガラスを割る音が響き渡らないように、窓に粘着テープを貼り付けるだろう。

最後に、長い間家を留守にするようだったら、車庫の扉に南京錠をかけよう。もちろん、毎日かけておく必要はないが、休暇中は安全対策を追加したい。

物理的、精神的な策略

人感センサー付きのライトや補助錠、警報システムといった物理的な安全装置もある。しかし、一方で物理的、精神的な二つの強力な策略のタッグで、自宅をより安全にできる。安くて簡単なこれらの策略は、泥棒に侵入を考え直させるだけの効果がある。

○ホームセキュリティの表示

ホームセキュリティを実際備え付けられれば最高だが、それができなくてもホームセキュリティの表示を貼ることで犯罪を防止できることがある。馬鹿げて聞こえるかもしれないが、ホームセキュリティがあるかもしれないと思っただけで、強盗犯は別の家に的を絞るだろう。そのために、玄関前の庭にホームセキュリティのシールを貼ろう。ホームセキュリティの表示は、通常六十センチほどの高さの柱につけてある。表示は、玄関前の庭の人目につきやすい場所に設置しよう。それに加えて、なるべく窓にもホームセキュリティのシールを貼ろう。出入り口付近の窓や地下の窓にも貼っておいた方がいい。引き戸にもシールを貼っておこう。

○姿の見えない犬

もし犬を飼っていたら、家の安全をもう一つ強固にしているようなものだ。本当に犬がいる、いないに関わらず、**玄関と裏口の近くに犬のえさ皿を置こう。**これは、私が教えられる最も簡単な、そして効果的な安全対策だ。犬はうるさい。強盗犯は犬と関わり合いたくない。犬がいるかもしれないと考えただけで、侵入を断念し、もっと簡単な獲物を探すだろう。

◯カメラに写っている？

泥棒は、犯罪の瞬間を映像で撮られたくない。本物の防犯カメラがあればいいが、予算オーバーで用意できない場合、代替品として最高なのが、本物そっくりのダミーカメラだ。偽のカメラは、本物のように赤く点滅する。この点滅の光を見たら、**犯罪者はカメラが本物かどうか考えるのに無駄な時間を費やさない。**犯罪の現場を撮られる前に、すぐそこから逃げ出すだろう。

私の生徒の一人が偽の防犯カメラを取り付けてからそう経たないうちに、近所の家が強盗に遭った。その被害に遭った家の主人は彼を訪れ、防犯カメラの映像を見せてほしいと頼んできた。私の生徒は、気まずそうに、実は防犯カメラが偽物であることを白状した。彼の家のカメラと点滅する光を見た実行犯が、安全対策がより手薄な家を狙ったことは、十分考えられる。

のぞき穴の重要性――ドアの反対側に誰がいるか知る

ドアの反対側にいる人が誰か分からない場合は、ドアを開けない方がいいのは言うまでもない。私はいかなる時もドアは開けない。家に届けられる物もないし（ピザも頼まない）、郵便物も郵便局の私書箱を利用しているから、予定していない誰かが私の家の呼び鈴を鳴らす理由などほとんどない。

よくある昔ながらののぞき穴は、外で何が起こっているか見えるから確かに便利だ。もちろん、のぞくためにはドアに近づくから、ドアを壊して入り込もうとされたら困るが。ドアにもっと大きなのぞき穴を作る気があるなら、三メートル先に誰がいるか特定できる、いい物がある。ドアに近づく必要すらない。しかし、もしのぞき穴がない場合は、誰が立っているか特定するために、窓からのぞく必要があることを覚えておいてほしい。

ただ無視すればいいわけではない

誰が来たか分かっている時だけ玄関を開けることと同じくらい重要なのが、完全に相手を無視しないことだ。犯罪者は、留守かどうか確かめるために呼び鈴を鳴らすことも多い。もし在宅だったら、家の中で何かできる仕事がないか聞いてくるかもしれない（もちろん、そんな仕事はない）。私の友人は、ニュージャージーにある一軒家に引っ越して間もない頃、玄関をしきりにノックする音が聞こえてきたという。誰なのか分からなかったし、内心嫌な予感がした。警察を呼んだが、その間ノックの音はさらに大きくなった。「何の用？」とドア越しに彼女は叫ぶと、「ええっと、この家は売り出し中？」と男は聞いた。「違うわよ！」と答えた途端に、男は走り去った。

コロラド州スプリングスでは白昼の強盗で追われていた男二人が、玄関をノックし、呼び鈴を鳴らし、誰も出てこないことを確認して家に侵入したという。インディアナ州グリーンウッドの住民は、ドアのノックを無視しないよう言われている。ある女性は、在宅中に玄関をノックするのを聞いたが、無視した。すると、今度はキッチンのドアからノックが聞こえた後、再び玄関に回って何度も肩をぶつけて破ろうとする音が聞こえた。女性は警察を呼び、強盗は逃げ去った。

安全なドア

では、ドアがノックされ誰なのか見当もつかない時に、なぜのぞき穴と、何か起きた時に備えた計画が必要なのだろうか。**家の侵入の七十%は玄関からだからだ。**アメリカ人の場合、自分と犯罪者との間に約二センチの錠しかないのがほとんどだろう。フォニックス在住の五十九歳のエンリク・モンテスも自宅で最悪な経験をした。午前0時半頃、武装した男たちが数人、玄関をぶち破って家に侵入してきた。始めに入ってきた男が彼に銃を向けた。銃を振り払おうとして二人は揉み合いになった。揉み合いは、家の寝室、廊下、そして台所へと続いた。二人目の侵入者が入り、家族を人質にとった。モンテスは揉み合いで致命傷を負い、最悪な結果を招いた。

最近も、女性が侵入者を逃れて自宅の屋根に隠れるというニュースがあった。メロラ・リヴェラは、自宅に侵入者がいると気付くと、二階の窓から屋根に上って隠れた。事件を伝える写真は、侵入者が、彼女を探すために窓から顔を出している間、軒の下でうずくまった彼女のパジャマ姿を写し出している。精神を病んでいるホームレスの男が、玄関の小さな窓を割り、そこから手を入れ、ドアを開けたらしい。幸運なことに、リヴェラは屋根の上に逃げる前に携帯電話をつかんでいたので、警察を呼ぶことができた。この二つの事例が示すように、**玄関の防犯を強化することが、家に侵入者を入れない大事な要素であることが分かるだろう。**

家の侵入の七十％は玄関から

どうしても玄関に出なければならない時

前述した通り、私は友人や家族が来る予定がない限り、玄関を開けない。予定していない人がドアの前に立っていたら、ドア越しに何の用か聞いてみよう。ほとんどのドアは音を通すから、実際にドアを開けなくても相手と会話ができる。

三十秒以内に錠を開けられるのは私だけではない

近所の人のほとんどは私の経歴を知っていて、家から閉め出された時に連絡してくる。私は、鍵開けが得意で、簡単にできる。でも、錠を開けられるのは私だけではない。犯罪者もできるのだ。錠破りを難しくする、あるいは錠を見ただけで侵入するのを諦めさせる方法がある。**錠を変えるのだ。**新築の家やマンションのほとんどで使われている典型的なクィックセットの錠は、簡単に開けられる。前の章で学んだように、少し練習をすれば、鍵で開けるのと同じくらいの速さで錠も破れるようになる。シュラーゲやメデコといったメーカーのしっかりした錠を購入しよう。

車道の警報装置

郊外の長い道路の先や、周りにあまり家がないところに住んでいたら、車道の警報装置を追加して、安全性を高めた方がいいかもしれない。馬鹿げて聞こえるかもしれないが、家の真ん前の車道に駐車する泥棒も珍しくない。すぐ逃亡できるように、車を近くに止めたいのだ。

フロリダ州オレンジ・パークのラモニア・コリガンは、ある日隣人から驚く内容の電話がかかってきた。まさにこの瞬間に、自宅に強盗が入ろうとしているというのだ。隣人は、コリガン家の前の車道にトラックが止まっているのに気付き、その運転手がコリガン家の中に入って行くのを目撃し、警察を呼ぶ機転を利かせた。その強盗は、コリガンの宝石、現金、リボルバー銃、そしてコリガンの父の勲章を漁っていたらしい。あなたの家の前の車道を、誰かがUターンする度に警察を呼べとは言わない。しかし、寂しい所に住んでいるようだったら、車道に警報機をつけるのをお勧めする。さらに、次のことは、いくら言ってもいい足りないくらいだ。**家の前の車道に怪しい車が止まっていたら、決して家に入ってはならない。**警察を呼び、絶対安全だと分かるまで家の中に入るのはやめよう。

近所で最も安全な家――今日から始められる安全対策

自宅の日中と夜の状態を調べ、近隣の家も調査した。次は、犯罪者を自宅から遠ざけるいくつかの物理的な方法を取り入れ始めよう。

視界

家の前の庭の視界を、できるだけ明るく保とう。人が隠れられるような場所を作ってはならない。木や茂みは、高くても六十から九十センチくらいに切った方がいい。また、犯罪者が二階や屋根裏部屋に上るのに使えないよう、木は剪定しよう。

照明

家の周りに、人感センサー付きの投光照明を取り付けよう。明るくすると、泥棒が作業しやすくなるというのは作り話だ。彼らは見られたくないので、明るくすれば強盗に入るのも躊躇するだろう。また、どんな照明も、勝手にいじって消すことができないものにしよう。

窓を補強する

泥棒のほとんどは、玄関か開いたままの窓から侵入する。窓に鍵がかかっているか、しょっちゅう点検する癖をつけよう。家族の一人が窓を閉めたからといって、鍵もかかっているとは限らない。また、窓に取り付けるカーテンやブラインドも大事だ。夜は、家の中を見られないようにしよう。犯罪者が窓を見れば留守かどうか判断できるような状況は作ってはならない。さらに、窓の下の庭にじゃりを敷くと、犯罪者がこっそり家に近づこうとするのを阻止できる。じゃりを踏むザクっという音が、誰かが外にいることを知らせてくれるだろう。私のクラスを受講したタラ・ニコールという女性は、子どもの頃、開いたままの窓のせいでひどいトラウマに悩まされている。六歳の時、寝室の開けっ放しの窓から誘拐されたのだ。タラが覚えているのは、ぬいぐるみに囲まれて病院のベッドで目が覚めたことだけだ。彼女の喉を切り裂いた誘拐犯は、そのまま道路の横に彼女を放置した。タラはまだ幸運だった。その誘拐犯は、他にも七人の子どもを誘拐していたことが分かり、最後の一人は殺していたことが、後に明らかになった。

夜は、家の中を見られないようにしよう

念には念を入れよう

・ペットの出入り用ドアは危険だ。便利だからといって買う価値はない。それを使って、泥棒が侵入するのは簡単すぎる。

・エアコン装置の安全性を高めよう。犯罪者は、装置を取り外して、そこの窓から簡単に家に入ることができる。

・フェンスは、子どもやペットの安全を保つためには最高だが、簡単に開けられる上に瞬時に上れる。十メートル近いフェンスでない限り、あなたの家族を守ってはくれないだろう。

侵入者が出現！　さあ、どうする？

実際に誰か侵入したかもしれない状況を迎えてから、初めてどうするか考えるようなことは絶対にあってはならない。ガラスが割れる音がしてから、家族をどうやって守るか考え始めるのはおかしい。**事前にしっかりした自宅の防衛計画を練っておくべきだし、それを練習する時間も設けよう。**前述したが、誰かが侵入したかもしれない時に、うまく機能した私の防衛計画を詳しくここで述べてみよう。

○私の動き

1　懐中電灯をつかみ、金庫に行って銃を取り出す。

2　要の地点となる階段の上まで走って行く。犯罪者が、妻や子どもたちに辿り着くためには、ここにいる私を通過しなければならない。

3　侵入者に、警察を呼び銃を持っていることを伝える。

4　私や家族を攻撃するために階段を上って来ようものなら、阻止するためにいかなる手段も厭わない。

○妻の動き

１　警察を呼ぶ。
２　私が階段の上を守る間、妻は子どもたちと合流し、一つの部屋に身を潜める。

計画はシンプルなものがいい

優れた防衛計画は、シンプルで迅速なものがいい。家に侵入者がいると思うと、心臓の鼓動が速くなり、調査ではストレスで脳のＩＱもいくらか下がるらしい。恐れや心配や怒り（厳密に言えば、喜びも）といった強い感情が、小脳扁桃の活動を活発にし、前頭前皮質の作動記憶を妨害し、思うように動けなくする。過度にストレスのかかる状況になると、押しつぶされてしまいやすいのは、このことが原因だ。有り難いことに、これは一時的なものだ。しかし、だからといって自宅の防衛計画を難解にして、何か重要なことを忘れて命を落としたくはない。自宅の防衛計画には、次の三つの基本要素が含まれていることが望ましい。

・懐中電灯と武器（私は銃を利用するが、ナイフやバット、他の鈍器でもいい）
・警察を呼ぶ家族の一員
・通り抜けることが難しい、あなたが守る要の場所（守り位置）

自宅防衛用のナイトテーブル

自宅が攻撃されると考えただけで、嫌な気持ちになるだろう。誰かが侵入するかもしれないそんな状況に備え、私はベッド横のナイトテーブルにいくつかの物を用意している。オシャレなナイトテーブルではない。十五センチ×四十五センチくらいの大きさだ。一番上には貴重品入れのガンヴォルトMV500が入っている。銃保管庫には、弾丸が込められたシグ・ザウエルP226がある。この銃には、ヴィリディアンC5Lのレーザーライトを装備している。また、銃保管庫には弾倉のスペアも入れてある。さらに、ナイトテーブルには、プリペイド式の携帯電話もある。この携帯電話は、緊急事態に備え、常にそこに置いてある。ナイトテーブルにいつもの携帯電話を置いても、さらに控えがあるというわけだ。

それと、いつでも懐中電灯は身近に置いておくべきだ。私は四つ持っている（まだお気付きでない人のために言うが、私は懐中電灯が大好きだ）。持っているのは、シュアファイア6PX、ネックストーチTA1、オーライトT10とスパイ・フラッシュライトだ。経験上、これら全ての懐中電灯が役立つのを知っている。夜中に家の警報器が鳴り、家族を守る時に、これらの必要なものがパッと手に取れるよう予め準備しておくことだ。

自宅で、安全に貴重品を保管する場所

犯罪者の九十五％は真っすぐ主寝室に向かうらしい。大抵の人は、現金や宝石類を主寝室に保管していることを知っているのだ。**この理由から、主寝室に貴重品を保管するのは最悪だからやめておこう。**家での現金や宝石類の保管場所には、想像力が必要だ。とはいえ、主寝室におとりになる金庫を置いておくのも悪くないだろう。中に宝石を一つと、二十～五十ドルほど入れておけば、泥棒も全て盗んだと思って帰ってくれるかもしれない。

本や食料品に隠す――DIY（日曜大工）で工夫しよう

じゃあ、現金はどこに保管すればいいか？　信じられないかもしれないが、**どんなに陳腐だろうと、くり抜いた本が最も理想的な現金の保管場所だ。**私の家にはたくさん本がある。泥棒が時間をかけて一冊一冊点検して、現金を探すとはとても思えない。中が空洞の本は、インターネットで買うこともできるし、カミソリで数ページ分切り抜いてDIYで作ることもできる。

もう一つ、DIYで作れる現金の保管場所は、缶詰だ。単純に、食品庫や戸棚にたくさん入っている野菜の缶詰の底を、缶切りで切るだけだ。底は切り取るのではなく、開けるだけ。フォークやバターナイフで底をほじくり、現金を入れればいい。缶は細工したようには見えないし、泥棒

も怪しい缶詰を求めて、缶を一つ一つ調べはしないだろう。

パートナーは、出張で不在がち。どうやって家の安全を守るか

手っ取り早い方法は警報装置を取り付けることだ。実は、日中家にいる時も、警報装置が使えることを知らない人が多い。セキュリティには、「滞在」や「家モード」といったものがある。これを使うと、人感センサーは外れるから自由に家の中を動き回れるが、誰かが窓やドアを開けると鳴って知らせてくれる仕組みだ。これがあれば、日中家にいる時に誰かが侵入しても、すぐに分かるようになる。

大人一人で家にいる場合は（子どもがいてもいなくても）、家の警備を確認する日課を特にお忘れなく。**ドアに鍵がかかっているか、窓が全て閉まっていて鍵がかかっているか二重にチェックしよう。**郵便物や新聞は家の中に入れ、ゴミ箱も通りに出したままにしないように注意しよう。

耐火性の金庫

火事の被害から貴重品を守りたかったら、耐火性の金庫はそれほど高価ではないし、簡単に手に入れられるから購入しよう。多くの場合は小さく、大事な書類や現金、宝石類を入れるのにもってこいだ。とはいうものの、泥棒が金庫ごと持って行ってしまう可能性もあるので注意したい。**金庫を購入する場合は、床にボルトで留められるタイプを選ぶか、想像力を使って金庫を見つからない場所にしまおう。**屋根裏部屋に、「古着」や「本」と書いた段ボールの中に入れるのはどうだろうか。どんなことがあろうと、金庫を主寝室に置いてはならない。

銃の保管庫がある場合は、ここに貴重品を入れてもいい。しかし、玄関の近くなど目立つ場所に銃の保管庫を置いてはならない。また、床にしっかり留めておくこともお忘れなく。

第6章

安全に旅する

飛行機、タクシー、そしてホテルで安全に過ごすには

ジェットブルー一四一六便が右エンジンを失うと、機内は煙で溢れ、乗客は隣の人すら見えなくなった。乗客の一人ジョナソン・ハバードがＣＮＮに語ったところによると、「もうすぐ呼吸が難しくなるだろう」と感じたらしい。酸素マスクは降りて来なく、客室乗務員が、直接手で配って回った。急旋回した機体は、離陸した飛行場に戻っていった。機体が揺れ、恐怖のあまり皆泣き叫んでいた様子を、後に乗客は語った。幸運なことに、パイロットは無事飛行機を着陸させ、負傷したのも四人だけだった。

一方、カリフォルニア州サクラメントから飛び立ったサウスウェスト航空はフラップ（下げ翼）に故障を確認し、緊急着陸した。また、ダラスに向かっていたアメリカン航空は、離陸時にタイヤの一つをパンクさせ、緊急着陸に向けて燃料を使い切るために二時間も空を旋回し続けなければならなかった。このような飛行機事故は起こり得るが、それでも空の旅はどんな移動手段よりも、安全なものに違いない。メジャー航空会社の飛行機に乗った場合、事故に遭って命を落とす確率は四百七十万分の一らしい。とはいうものの、墜落までいかなくても、例えば緊急着陸（命取りにもなり得る）といった様々な場面に出くわす可能性はあるので、準備はしておきたい。起こる可能性は低いが、万が一飛行機の中で緊急事態に遭遇したら、生き残るために知っておきたいことがいくつかある。

安全確保までの九十秒間

誰でも、飛行機事故後の凄まじい映像は目にしたことがあるだろう。ニュースで見る限り、どの飛行機事故も悲惨で、とても助かりそうにないように思える。しかし、実は飛行機事故が起きた場合、**乗客のほとんどは衝突ではなく、その後に起こった火事の煙を吸い込んで命を落とすのだ。**

二〇〇五年に、エールフランス航空のエアバス機が、トロントの滑走路をオーバーランした。衝突後の火事は深刻だったが、乗客三百九人は全員逃げて無事だった。命にかかわるような怪我はなかった。現場に救急隊が到着する頃には、ほとんどの乗客が脱出用スライドで機体から離れることができた。**アメリカ連邦航空局によると、機内の乗客は全員九十秒で脱出しなければならない。**このわずかな時間は、人が火事や煙の吸い込みで命を落とすまでの時間を表している。

二〇一二年の一二月、ミャンマーのヤンゴンで起きた飛行機事故では、機体が全焼したにもかかわらず、死者は二名だけだった。乗っていたドイツ人のジャーナリストによると、最初は、飛行機の着陸装置が下げられ、問題なさそうだった。しかし、突然叫ぶ声がして、パニックで泣く人が出た。「数秒後、機内の前方と後方で火事が見えた。機内に黒い煙が充満し、息ができなくなり、周りが見えなくなった。何かひどいことが起きていることにその時気が付いた」。あっという間の出来事で、「飛行機が着陸してから機内に煙が溢れるまで、およそ三十秒しかなかった」とこのジャーナリストは振り返る。客室乗務員が緊急用の出口を開け、乗客全員が脱出した三分後に、飛行機は全焼した。しかし、残念ながら飛行機事故の全てがこのような運のいい結末を迎えるとは限らない。

一九九一年二月、USエア737とスカイウエストの小型旅客機が、ロサンゼルス国際空港で衝突した。悲劇的なことだが、小型機に乗っていた乗客全員が死亡した。一方、737に乗っていた乗客のほとんどは衝撃を生き抜いたが、二十二人が機内に充満した火や煙で命を落とし、そのうちの十七人が出口に向かっている途中に煙によって命を落としたとみられている。国家運輸安全委員会の代表、ジェームズ・バーネットは『ピープル』誌に、「席を立った人がこれだけいたのに、脱出できなかった飛行機事故は記憶にない」と語った。

大混乱の中、人々は必死に逃げようとして後方の出口に固まったようだった。出口は八、九人ほどの人で塞がった。この件は、専門家たちによって詳しく調査され、飛行機事故で衝突や火災が起きた際に被害を小さくするための改善が今も続けられている。しかし、飛行機の衝突や緊急着陸、そして火災で生き残る確率を上げるためには、いくつかの心がけが必要だ。

固まらないで、とにかく動け！

緊急時には、飛行機を脱出するのに九十秒しかないから、すぐに、そして素早く動かなければならないのは言うまでもない。**信じられないことだが、生死の境目を迎えると、完全に固まってしまうこともよくある。またしても、正常性バイアスが私たちを妨害する例だ。**ＵＳエアの衝突の時に二十七歳だったドゥエイン・ベネットが『ピープル』誌に語ったところによると、彼は逃げる途中に、「助けて！　抜けられないの」と叫ぶ女性に出くわしたという。パニックのあまり、シートベルトを外すことすらままならなかったのだ。これは珍しい光景ではない。

フロイ・オルソンと元中学校教師だった夫のポール・ヘックは、正常性バイアスを克服し、史上最悪の飛行機事故を生き抜いた。一九七七年に、カナリヤ諸島で二機の７４７ジャンボジェット機が衝突し、五百八十二人の乗客が亡くなった飛行機事故だ。事故から十年後、オルソンは『ロサンゼルス・タイムズ』に自分の体験を振り返った。自分が助かったのは、夫の迅速な対応のお陰だと話す。「ショック状態だったわ。夫がいなかったら命を落としていたと思う。一人の女性が『爆撃された！』と叫んだの。私はそれを信じ込み、もう死ぬと思った。すると夫が『シートベルトを外して！　外に出よう！』と叫んだの」。オルソンとヘックは翼までたどり着いたが、安全な場所まで二階の高さから飛び下りなければならなかった。オルソンは頭を打ち、数分間意識を失ったが、機体が爆発する前に何とか這い出ることができた。オルソンは、恐怖は感じなかったと伝えている。「私は感情的な性格だから、なぜだか理由は説明できない。ただ止まっていてはいけないと思った」。緊急事態に自分がどう反応するか予測できないと思うが、火が飛行機を燃やし尽くすまで九十秒しかないのだから、すぐに自分と家族に動くよう促さなければならない。

荷物は置いていく

荷物は置いていくのが当たり前だが、緊急事態では脳が正常な判断ができないこともある。USエアの衝突では、ある女性の鞄が出口で引っかかった。しかし、クレジットカードが心配だから持っていく、とこの女性は主張したのだった。また、もう一人の乗客はバイオリンを置き去りにすることを迷った（後に奇跡的に、バイオリンは無傷で見つかった）。ヤンゴンの飛行機事故では、ドイツ人のジャーナリストが自分の機内用手荷物を持って脱出しようとした。パスポートを紛失するのが心配だったという。もちろん、パスポートや楽器といった物質的なものは、命ほど重要ではない。**大惨事を迎えたら一瞬落ち着き、所持品は全て置いて、とにかく動くことを優先させるよう自分に言い聞かせることだ。**

五列目のルール

ほとんどの人は、飛行機で一番安全なのは後部だと信じているが、これは頭から突っ込んだ時の話だ。後方から衝突する飛行機事故もあるし、そういう場合は一番後ろも危険である。衝突や緊急着陸の場合、煙や火災を逃れて助かる確率を上げたいだろう。**飛行機で最も安全なのは出口から五列目以内である。**出口付近の五列よりもっといい案はないかって？　当然、出口そのものの列だ。すぐに動ける通路側の席を予約するのも得策だ。出口に群がる人が少なければ少ないほどいいだろう。インターネット時代の利点は、予め自分の好きな席を予約できる点だ。出口から五列目のルールを覚えておこう。

プラス三分、マイナス八分

「プラス三分、マイナス八分」というのは、要するに、飛行機が離陸してからの三分と着陸するまでの八分のことだ。衝突を調査する専門家によると、飛行機事故はほとんどこの時間帯に起こるらしい。離陸時と着陸時の事故で生き残るためには、

・離陸後すぐに寝ない。そして、着陸前には目を覚まそう
・靴は脱がない。また、心地いいしっかりした靴を履くようにしよう（サンダルはダメ）

・電子機器や読み物に没頭したり、気を取られたりしない
・飛ぶ前のカクテルはやめておこう。その価値はない
・シートベルトをしっかり締めよう
・出口を確認し、そこにたどり着くまで何列あるか正確に覚えておこう

安全のしおりを読もう

客室乗務員が緊急時の説明をしている間、大抵の人はタブレットやスマートフォン、新聞を読んでいる。シートベルトの締め方や酸素ボンベが下りてきた時にどうすればいいか既にもう何回も聞いているし、きっともう全て知っていると思っているだろう。しかし、毎回飛ぶ度に、安全のしおりは確認した方がいい。飛行機はそれぞれ違うし、前述した通り、緊急事態に出口を知っていることは重要だ。さらに、不時着時の姿勢や、座席に付いているクッションを救命胴衣として使う場合の使用方法も知っておきたい。あのしおりを全部読むには二分程度しかかからないのに、いつも一％くらいの人しか読まないことには驚かされる。

○離陸前のチェックリスト

・最も近い出口まで何列あるか数える

・緊急時に邪魔になりそうな障害物はあるか、周りを見渡そう
・靴は履いたままにする
・シートベルトをしっかり締めよう
・安全のしおりを読んでおこう
・救命胴衣を確認しよう
・起きていよう

タクシーは思っているより安全ではない

旅行や出張のために旅をしている人のほとんどが、飛行機を降りるとタクシーに乗り込む。飛行機より危険なのは、タクシーだというのに。また、私たちは街で夜遊んだ後、タクシーに乗って家やホテルに帰った方が、一人で歩くより安全だと思い込んでいる。どんな理由でタクシーに乗ろうと、安全でいるためにはいくつか大事な手順を踏む必要がある。

ニューヨークでは、女性の乗客をレイプしたことで、最近タクシーの運転手が二十年の刑に処せられた。二十九歳のその女性は後部座席で眠ってしまったが、起きたら運転手から性的暴行を

加えられていた。抑えられ、ナイフを突き付けられたという。カンザス・シティでも、タクシー運転手によるレイプと盗難事件が発生した。バーで飲んだこの女性は酔っぱらっていた。また、ニューヨークのクイーンズ地区でも、運転手になり済ました男性が、三人の幼い子供たちの前で女性をレイプしようとした事件が発生している。関係者は、この男がタクシーの運転で生計を立てている正規の運転手だという証拠は何もなかったと言っている。

タクシーは危険だ。車に乗った瞬間、危険に身をさらしている。**どんな人と同乗しているかも分からず、自分の安全と健康を赤の他人に委ねているのだから。海外のタクシーは特に危険だ。**一か月かけて南アメリカのアンデス山脈をハイクした女性は、慣れない強盗を試みたタクシー運転手によって撃たれた。一方、エリザベス・リトルウッドは、ボーイフレンドと一緒に飛行場に向かおうとタクシーと思われる車に乗り込んだ。運転手にスペイン語でお金を要求されても、二人は意味が分からなかったらしい。エリザベスは、タクシーを出ろと言われているのだと勘違いした。ドアのハンドルに手をかけた瞬間、腹を撃たれた。

タクシーは危険だ

タクシー詐欺に遭わない

私は情報と安全を重要視しているから、タクシーの最悪な事例をいくつか挙げた。と同時に、家族旅行や実り多い出張を楽しんでもらいたいから、タクシーでよくある詐欺について知ってもらいたいと思う。ラスベガスでは、運転手が乗客を長時間連れ回すことや、最も長い道のりを選ぶことが、深刻な問題になっている。十四年間タクシー運転手をしている人によると、この現象は「とても流行っている」もので、「タクシー運転手たちは、乗客を長時間乗せるために、色々工夫している」らしい。州の調査によると、四人に一人の乗客が必要以上に長い道のりをわざと連れて行かれている。もちろんこれは命にはかかわらないが、詐欺に遭うのはなるべく避けたい。

タクシー運転手に扮し、酔った若者の金を奪ったとして、最近ワシントンＤＣ付近に住む男が有罪になった。ニエレレ・ミッチェルは、乗車賃を口座から引き出すために、乗客にＡＴＭのカードを渡すように要求したという。そして、敢えて運転手側しか使えないＡＴＭを選び、乗客のカードを使って、実際よりも多い乗車賃を奪っていたらしい。その結果、ＤＣの住人六十人以上から、二十万ドル盗むことに成功したという。

また、ニューヨークのタクシー運転手の多くは、標準運賃ではなく、郊外運賃にして本来より多い運賃をふっかけているらしい。たった二年で、乗客から八百三十万ドルも多めに奪っている計算になる。極端だが、こんな例もある。シカゴのオヘア空港からタクシーに乗った十八歳の大学生が遭った被害だ。中国から来たその大学生は、あまり英語が得意ではなかった。運転手は、空港からシャンペーン市までバスはないと言い張り、彼の車に乗れば、「千ドルの安い運賃で行ける」と説得した。シャンペーン市に着いた瞬間、運転手は大学生に四千八百ドルも請求したという。大学生はそんな大金を持っていなかったが、持ち金を全て差し出すことになったらしい。

タクシーしかない場合

もちろん、勤勉なタクシー運転手もたくさんいる。しかし、自分がだまされることがあるかもしれないことを知っていた方がいいし、関心を持っていた方がいい。ここで、再び状況認識力が問題になってくる。周りに注意を払い、**少しでも自分が弱い立場にあると感じたら、絶対に身知らぬ人と同じ車に乗ってはならない。**目的地までどうしてもタクシーしかない場合は、常に守った方がいい次の基本的なルールがある。

○向かう場所に注意する

目的地までの一番いい行き方を知ろう。A地点からB地点までの道のりの設定を赤の他人に頼むより、**自分がどの道を通りたいか正確に運転手に伝えよう。**その上で、運転手がどこを通っているか把握し、事前に決めたルートから外れていないかどうか見張ろう。もし外れたら、すぐに戻るように伝えよう。あなたの指示に従わなかったら、車から下りよう。

○リサーチしよう

どこに旅行しようと、注意を払うことは大事だが、**旅行先特有の詐欺についても知っておくといいだろう。**例えば、ブエノス・アイレスの運転手は「偽の運賃請求」をすることで知られている。運転手は、旅行者の支払いを受け取り、偽造紙幣と交換してから、これは受け取れないと主張する。旅行経験者がブログ上で、おつりがないように支払うこと、メキシコ紙幣の五十ドル札と百ドル札を使う時は特に気を付けるように、この地域の旅行者に注意を呼びかけている。ドミニカ共和国では、空港からエアコンのないタクシーに乗り込むアメリカ人の報告がある。運転手が窓を下げ、車が信号で止まると、バイクに乗った人が窓から手を差し入れ、奪える物を全て奪っていくというパターンだ。

旅行する時は、タクシーの基本的な乗り方も知っておくといいだろう。ニューヨークでは道の真ん中でタクシーを止めて乗るのが普通だが、台湾ではこれはしない。信用できるタクシーの電話番号を調べ、いつも持ち歩こう。さらに、海外に行く時は、滞在するホテルにタクシーを呼んでもらい、信用できるタクシー会社を教えてもらおう。

◯目的地はあなたが決める

タクシー運転手に限らずどんな人にも、自分の当初の目的地を変更させてはならない。運転手に全てを握られ、自分がどこに向かっているのか分からない状況は望ましくない。違うホテルやレストラン、クラブやバーを提案されても話にのらないこと。また、「安いから近道をする」という言葉も信用してはならない。他の人と組んで行動していて、分け前をもらうために誘っている可能性が高い。当初の計画から外れると、どこに向かっているか、そして運転手が正しい道を走っているか分からない危険な状況に自分の身を置くことになるから避けた方がいい。

◯本物か？

タクシーに乗り込む前に、いくつか確認した方がいい項目がある。

①ドアの内側にハンドルがあるか。自分で出られないようなタクシーに乗ってはいけない

②タクシー運転手の写真、営業免許証、そして無線があるかどうか確認しよう。一つでもないものがあったら乗らない

③合法のタクシー乗り場でタクシーを拾おう。空港で壁にもたれかかりながら、「タクシーに乗る？」と誘ってくる運転手の車に乗ってはならない

タクシーはシェアするものではない

他の同乗者とタクシーをシェアすれば、混んでいる空港で待つ時間を省略できるし、タクシーが見当たらない場合は、合理的な選択にも思えるかもしれない。それに、その方が安くすむ場合が多い。しかし、**見知らぬ人とタクシーをシェアすると、自分を弱い立場に置くことになる。**同乗した人には違う目的があるかもしれないし、運転手と組んでいる可能性もある。

また、個人タクシーを呼ぶのにアプリケーションを使うのも、急激に流行り出している。オンライン・ニュースメディアの『デイリー・ビースト』に、こういうサービスが、果たして個人情報を守ってくれるか疑問があるという記事が掲載された。運転手からフェイスブックを介して、メッセージを受け取った女性もいるという。予約した時の個人情報が漏れているとしか考えられないと女性は話す。**こういう最新の技術を駆使したタクシーには気を付けよう。**運転手の身元確認方法や安全対策なども従来のタクシー会社と違う場合もあり、要注意だ。

最初に目に入った選択肢に飛びつかない

長い旅の末、空港や駅からなるべく早く離れて目的地に向かいたいと願うのは分かる。しかし、最初に目に入ったタクシーに飛びつくのは大きな間違いだし、旅を台無しにするかもしれないので注意しよう。空港や人の多い駅は非公認のタクシーが多いので、その地域の営業許可を持った公認のタクシーを選んだ方がいい。**目の前にタクシー運転手がいるから、そしてタクシー乗り場の長い列を避けたいからという理由でタクシーに飛び込むのはやめよう。**空港でタクシーの乗り方が分からない場合は、交通インフォメーション・デスクを探して聞こう。また、一般的な運賃について聞いたり、旅行前に大体の運賃を調べておいたりすることもお勧めする。

○窓は閉めておく

これからバケーションという時に、窓を開けて風を感じたいのも分かる。しかし、タクシーに乗った時のルールは、**窓を閉めるか、どうしても必要な場合はほんの少し開けておくことだ。**犯罪者は、簡単に狙える獲物を探している。窓を開けることによって、自分が獲物であることを宣伝したくはない。車が徐行した時や信号で止まった時に、強盗が手を入れ、物を盗むことは簡単だ。もちろん、道を歩いている誰かに窓を開けろというジェスチャーをされても、開けてはならない。

○慎重になろう

ここでもまた状況認識に戻る。タクシーに乗っている間、スマートフォンでメールを打つのに夢中になっていては話にならない。スマートフォンは簡単に盗めるものだし、強盗たちを引き寄せる原因にもなり得る。また、高価な時計や宝石類を身につけるのも考えよう。汚い恰好をして旅行しろとは言わないが、犯罪者たちを引き寄せる高価なものを見せびらかすのは、やめよう。

私の授業を受講したドリューは、忍び寄る危険を回避することに成功した一人だ。ドリューは、妻と成人した息子、そして娘と、生涯に一度の旅に出かけ、スコットランド、イングランド、オランダ、そしてフランスを旅した。パリの駅に着いた時、旅における安全対策や状況認識で学んだことがとても役に立ったという。駅を出ると、物凄い人ごみで、タクシー乗り場がどこにあるかすぐには分からなかった。

ドリューは妻と子供たちとはぐれ、彼らに追いつく前に男が妻にタクシーは必要ないかと話しかけていた。彼女は頷き、さらに人数が多くて、荷物も多いから大きめのタクシーが必要だと伝えた。男は大きな笑顔を向け、ちょうどいいものがあると言った。ドリューの妻は、自分の幸運を喜んだ。男は彼女の荷物をつかみ、駅から足早に出て行こうとし、息子と娘にもついてくるように促した。**ドリューは、警戒レベルをすぐに上げたという。この状況があまりに簡単で速く、そして幸運過ぎるように感じたからだ。話が上手すぎるということは、きっとトラブルを意味していた。**ドリューは集中して、起きていることを真剣にとらえようと思った。彼らを追いかけて角を曲がると、家族は何の表示もない大きなバンに誘導されるところだった。愛想の悪い存在感のある大きい男がもう一人バンのところで待ち構えていて、荷物を積むからバンに乗るように、と家族に伝えていた。ドリューは護身用ペンを確認し、そして強く言った。「ダメだ。この状況はよくない。荷物をすぐに取り戻せ」。

ドリューの息子は、大きい方の男から荷物を取り戻そうとした。ドリューは「免許はどこだ？車のタクシーの表示は？ メーターはどこにある？」と聞いた。小さい方の男はずっと笑みを浮かべながら、自分たちは「特別な個人タクシー」であって、自分たちを見つけたあなたたちは非常に幸運だ、と説得しようとした。残念ながら、ドリューの妻は彼の心配をよそに、長い行列のタクシー乗り場まで荷物を引きずりたくはなかった。しかし、ドリューには、このバンは非公式のタクシーで、自分たちがとても危険な状況に足を踏み入れようとしているという確信があった。

ドリューは、辛うじて弾丸をよけたような感じだったと振り返る。あのままいけば、最低でも、ホテルから遠いところに連れて行かれ、高い運賃を支払わなければならなかっただろう。結局、本物のタクシー乗り場で三十分も待ち、自分たちと荷物を運ぶために二台分のタクシー代を支払わなければならなかったが、ドリューと彼の家族は無事にホテルに着くことができた。ドリューの勘は正しかった。この状況には、警戒を表す赤い旗があちこちに立っていた。ドリューが旅行中の安全対策と状況認識を知っていたおかげで、家族は安全に旅行を続行できた。

タクシーの後部座席に閉じ込められ、脱出したい！　どうする？

まず、ドアを開け、信号で停止した時に脱出できないか試みる。ドアに鍵がかかっていたら、窓を足で蹴って割るしかない。簡単に窓を割りたい場合は、寝転がろう。一番割れやすい窓の下の右側部分を両足で割りたい。足をくっつけて、両足で窓のその部分を割れるまで蹴り続けよう。覚えておきたいのが、**窓の隅の方が割れやすいので、割れる可能性が高いということだ。**窓の真ん中を蹴っても、足は跳ね返されるだけだ。これをやっているところを見たい方は、SpySecretsBook.comを訪れてみよう。

ホテルの安全

ホテルの部屋に着いたらもう安全と信じたいが、そうとは限らない。ボクサーのマイク・タイソンは、ラスベガスのコスモポリタン・ホテルの一室でガサゴソとした物音で目が覚めた。侵入者にとって幸運なことに、タイソンが事の状況に気付く前に逃げることができた。

フロリダ州のオーランドでは、ある女性がホテルのドアの前で、大音量で泣いたり叫んだりしながら床に転げ回っていた。部屋の中にいた男たちは、カギ穴からこの状況を覗き、苦しんでいる女性が何か助けを求めているだろうと思ってドアを開けた。すると、男が数人入ってきて銃を突きつけ、金品を盗んで行ったという。

また、オーランド地域のホテルで起きた連続盗難事件では、ディズニーランド帰りの観光客が一人撃たれている。観光客とその兄弟は、強盗犯によって二階の部屋に侵入されたという。マサチューセッツ州ハイアニスでは、ペンシルバニア州から来た老夫婦が、ホテルの部屋にチェックインしてすぐに、ナイフを突きつけられ強盗に遭った。部屋の鍵を開けている時に、男がドアを押して中に強引に入ってきたらしい。七十八歳のマイク・マクゴワンは、その強盗と取っ組み合いになった。あおむけに引っくり返されたマクゴワンは、ナイフをお腹に突きつけられ財布を盗まれたという。

ホテルの火災

ホテルでは火災も注意しなければならない。アメリカ史上二番目にひどいＭＧＭグランド・ホテルの火災を生き抜いたラファエル・パティオは、十年後に『ロサンゼルス・タイムズ』に当時の様子を語った。一九八〇年十一月二十一日、地下一階にあるレストランの電気回路で始まった火災で、八十四人が命を落とし、六百七十九人が重軽傷を負った火事だ。可燃性の素材が豊富だったのと、消火散水装置が少なかったので、火は瞬く間に広がった。当時の消防署長ロイ・L・パリシュによると、レストランから出た火は四分後にロビーの扉に届き、窓ガラスを全てぶち抜いた。火は秒速五メートルの速さで広がっていった。会議に出席するためにホテルを訪れていたパティオとその妻は、十六階にいたという。窓を覗いて火事に気が付いたらしい。悪い状況を知らせる警報や消火散水装置はなかった。パティオ夫妻は部屋を出たが、黒く厚い煙の壁に出くわし、一瞬お互いを見失った。幸運なことに、他の宿泊客と違い部屋の鍵を持っていたパティオ夫妻は、また部屋に戻ることができた。煙が入らないようにドアの隙間を塞ぎ、部屋のカーテンで作ったテントの下に隠れ、バルコニーで過ごした悪夢のような体験を振り返った。窓ガラスは吹っ飛んだ。バルコニーに身を寄せ合っていた二人は、救出されるまで二時間以上も待ったという。パティオ夫妻はそのうち救出されたが、他の人はそこまで幸運ではなかった。死者のほとんどは、十九階から二十四階の間にいた人たちだった。エレベーターの昇降路や空調用ダクトを通って、煙が上がっていったらしい。

　言うまでもなく、旅行であろうと出張であろうと、ホテルでの宿泊は欠かせない。私は、ホテルで起こるかもしれない危険のために旅行をしない、あるいは出張に行かないということを提案しているわけではもちろんない。

私もフランス、イタリア、スイス、オーストリア、そしてギリシャといった国を旅してきた。それに、「スパイ・エスケープ&イヴェージョン」クラスを教えるために色々な国を訪れ、そこで素晴らしい人たちにも出会っている。しかし、ホテルに滞在する時は、いつも重要な基本ルールを守り、安全でいられるために、いくつか物を持ち歩くようにもしている。

ホテルで安全に過ごすためには

○どの部屋を予約するか

・三階から六階の間の部屋に泊まろう。犯罪者は、素早く強盗を済ませ、出入り口付近に止めた車に乗って速く逃げたいから一階か二階を狙う。また、アメリカの消防車の梯子は六階よりも上は届かないので、それより上に泊まるのは避けよう。火災の時に、七十七階にいたら下までものすごい距離がある。

・階段付近の部屋はやめる。侵入後に逃げやすいので、犯罪者はよく階段付近の部屋を狙う。

・状況認識を使って、エレベーターを下りてからつけられていないか注意しよう。つけられているように感じたら、部屋に入らない。助けを呼ぼう。状況の深刻さとあなたの直感にもよるが、フロントの人や警察を呼んでもいい。

◯自分と所持品を守る

・部屋に入った瞬間、ドアに鍵をかけよう。

・ドアストッパー警報機を使おう。安く手に入るこの安全装置は、あなたのバケーション、そして命をも助けてくれるかもしれない。部屋にいる間中、警報をドアの前に置こう。誰かが部屋に入ってきたら、警報が自動的に大きな音で鳴り響く。

◯ホテル内の火事対策

・部屋に入って落ち着く前に、出口を確認し、そこまでいくつ部屋があるか数えておこう。曲がり角も確認し、どちらに曲がればいいかも記憶しておこう。見えない状況でも、すぐに出口に出られるようにしておきたい。

・防煙用フードやマスクを用意しておこう。第三諸国を旅する時は、これらのアイテムは必須だ。これらのものは、政府高官の護衛要員が特定の国の地域で任務する時に持って行くものでもある。

・ホテル用の脱出バッグを持って行こう。これは、あなたの命を救ってくれるかもしれないものが入った、軽くてシンプルなバッグだ。普通脱出バッグに入っているものは、一階毎に三メートル、合計十五メートルのロープ、ロープ焼けを防ぐ手袋、そして六百キロほどを支えるカラビナ（登山用金具。この場合はロープを支えるのに使用する）だ。ホテルの部屋から安全に脱出するためには、これさえあればいい。脱出しなければならない時は、重い家具の周り（またはドアのちょうつがい）にカラビナを取り付けて、ロープを使って窓から身を降ろす。

行き先を考えよう

バケーションで一番避けたいのが、暴力的な犯罪に遭うのを心配することだ。楽しみ、そしてリラックスするために取るバケーションだから、特定の地域への渡航は慎重に考えよう。行き先について調べるのも大切だが、私が思うに、アメリカ人が旅するには危険過ぎる国もある。例えば、誘拐が世界で最も多く、車の盗難や高速道路での強盗、そして犯罪組織により仕組まれた犯罪が多発しているメキシコや、カリブ海の諸国、中でも一人当たりの殺人率が世界で最も高いジャマイカなどは避けた方が無難だ。

メキシコもカリブ海も訪れるに値する素晴らしい場所であるのはいうまでもないが、こういう場所へ旅する時は危険も把握しておく必要がある。美しい、経営状態のいいホテルに滞在しているからといって、その国が苦しんでいる犯罪や貧困が存在しないわけではない。**旅行の計画を立てる時は、起こり得る危険を研究し、どんな時でも状況認識を働かせるようにしたい。**

状況認識力

第7章

犯罪者の監視から逃れる

プロ捜査員が使う、
犯罪者の監視対象にならないテクニック

A Former CIA Officer Reveals
Safety and Survival
Techniques to Keep You
and Your Family Protected
by Jason Hanson

SPY
SECRETS
That Can Save Your Life

誰もがチェシャーで起きた凶悪犯罪のことを知っているだろう。四十八歳のジェニファー・ホーク・プティと、十一歳と十七歳の娘二人が殺された非情な強盗殺人事件だ。プティ夫人が娘のミカエラと共に地元のスーパーマーケットで買い物をしていた時に、常習犯のジョシュア・コミサジェヴスキーは、彼女の指にはまっていた大きなダイヤモンドの指輪に目をつけた。コミサジェヴスキーは、買物をするプティ夫人とミカエラの後をつけ、彼女の車を突き止めた。そして、郊外にあるプティ一家の居心地よさそうな家まで尾行した。その夜遅く、コミサジェヴスキーはもう一人の常習犯と落ち合い、二人でプティ家の鍵のかかっていないドアから侵入し、母親と二人の娘たちに性的暴行を加え、殺した。生き残ったのは、夫だけだった。

プティ家は、コミュニティの中で、尊敬されている評判のいい一家だった。誰かに危害を加えられる理由など見当たらない。しかし、プティ家の悲劇は、**犯罪者が、どうしても欲しいと思う物を、実際あなたが持っていようがいまいが、持っていると信じ込んでしまった場合に起こり得る危険の具体例だ。**

まず犯罪を起こす前に、犯罪者は必ず獲物を尾行して、観察して、ストーカー行為を行うと言われている。ほとんどの誘拐、強盗、住宅侵入の被害者は数分から数時間、あるいは数日から数週間、犯罪者の監視下にある。ニューヨークでは、とある性犯罪者が、女性をブロンクスの大通り、そしてグランドコンコースから家まで追跡してから襲撃した。また、ノースカロライナ州のある女性は、渋滞の間、ずっと車で後ろをつけてきた男に家までつけられた。男は、車の故障を教えてあげたかったと話したが、彼女が部屋の鍵をかけようとする前に部屋に押し入り、性的暴行を加えた。いずれの事件も悲惨で、被害者やその家族に、深刻なトラウマ、そして心の傷を与えるものだ。私は尾行に早く気付き、監視から逃れる方法を何千人にも伝えてきた。監視されているかどうかを知るスキルと能力を持ち合わせていれば、心強い。尾行に気付くことさえできれば、危険から逃れる貴重な機会を得られるのだから…。

監視とはなにか？

監視と言われて連想するのは、おそらくビデオ機器を積み込んだバンの中で、ドーナッツとコーヒーをむさぼる男たちだろう。あるいは、「監視」という言葉で、日頃あらゆる場所で目にする監視カメラを連想する人もいるかもしれない。監視とは、ふるまいや活動、あるいは変化するかもしれない様々な情報を観察することを意味する。普通、監視は人に影響を及ぼし、管理し、守るために行う。一般の人が出くわす監視には、色々な形がある。ほとんどの人は、野球場や飛行場、レストランや学校などあらゆる場所で人の動きを記録する監視カメラに慣れ親しんでいるだろう。またフェイスブックやツイッターなどのソーシャル・ネットワーク上で行われている監視も聞いたことあるだろう。監視によっては、ソーシャル・ネットワーク上の地図を描き、それを分析してテロの可能性に関わる情報を発見するために使われているものもある。他にも、企業の監視、犯罪プロファイリング、空中査察、そして生物統計学による監視など、挙げればきりがない。例えば、私はグローバル・プロテクション&インテリジェンスというＶＩＰ専門の護衛と調査の会社の代表も務めているが、浮気の有無を調査するために、夫や妻、愛人の監視をセレブに依頼されることも、珍しくない。

それに、きっと何年にも及ぶ骨が折れる監視の苦労がなければ、オサマ・ビンラディンの殺害も不可能だっただろう。「ジェロニモ」という暗号名でも知られるオサマ・ビンラディンの追跡劇は、極秘の監獄で行われたＣＩＡによる尋問や、電話やメールの傍受、アボッターバードの屋敷を写した三百八十七枚にも及ぶ高解像度の赤外線写真がなかったら実現不可能だった。さらに、情報を収集するスパイウェアのインストールや追跡システムの導入、パキスタン全土の電子シグナルを拾う衛生システム、最先端のドローン、そしてビンラディンがいるかどうか確認させるために貸家に忍ばせたＣＩＡ諜報員のチームなども一役買っている。そして、二〇一一年五月二日、アメリカ政府が持つ全ての監視技術を使い切った後に、ＣＩＡの長官レオン・パネッタは、ホワイトハウスの状況分析室に集まった大統領とそのアドバイザーたちに、「ジェロニモEKIA」

(Enemy Killed In Action　敵を戦闘で殺害)と伝えることができたのだ。

もちろん、オサマ・ビンラディンの追跡劇は、高度な追跡戦術で実現可能なものの中でも極端な例だ。ここで心配なのは、犯罪者がどのような監視をあなたに行うかだ。

ほとんどの犯罪はちょっとしたきっかけで起こる

平均的なアメリカ人であれば、十代の息子が行くと言っていた場所にきちんと行ったかどうかを調べる以外、監視したり、監視を見破ったりするようなことはないと思っているだろう。しかし、前述の通り、犯罪者が獲物の家まで尾行し、家に侵入して盗みを行うか、もっとひどいことをする最高のタイミングを見計らっていることはよくあることだ。

『USAトゥデイ』に掲載されたブラッド・ヒースの記事「逃げ切る奴ら」は、アメリカの法規制の恐ろしい側面に焦点を当てている。警察や検察官が、数万人の指名手配中の重罪犯人を、州の境界さえ越えれば野放しにしているというのである。『USAトゥデイ』によると、このうちのおよそ三千三百名が性的暴行や強盗、殺人に手を染めている極悪人だ。アトランタ州、リトル・ロック州、フィラデルフィア州といった犯罪率の高い州の警察は、他州に逃げた容疑者の九十%を追跡しないと言っているらしい。『USAトゥデイ』によると、追跡を逃れた犯罪者の中には、ビール缶を巡って争った挙げ句、ルームメートの首をなたでめった切りにしたフロリダ州の男や、ピッツバーグで手配中の危険な逃亡者二名も含まれているという。社会構造のツケで罰を逃れているこれらの犯罪者たちに怯えながら生きろと私は言っていない。しかし一方で、私の「スパイ・エスケープ&イヴェージョン」戦術で武装しておけば、こういった暴力的な犯罪者たちから、あなたとあなたの家族を守ることはできるのではないかと思う。

ほとんどの犯罪はちょっとしたきっかけで起こることを覚えておいてほしい。犯罪者は犯罪を行う最高のタイミングを模索しているのだ。つまり、**監視の基本を知って自分を武装すれば、犯罪者の理想的な獲物の対象から外れることができるというわけだ。**

尾行されたら気付けるか

まず、あなたは尾行されたらそれに気付けるだろうか。おそらく私の「スパイ・エスケープ&イヴェージョン」を知らなかったら無理だろう。毎年、私は大学の同僚たちとマーチ・マッドネス(全米大学競技協会のバスケット・ボールのトーナメント)を観戦するために、ラスベガスで落ち合う。図体のでかい男たちが、複数のコートで繰り広げられるたくさんの試合を見て、恐ろしい量のホットドッグを食べ、皆で最高の時間を過ごす。ある年、私の友人のアダムは、試合を見ている間、何度も立ち上がっていなくなった。その上、行動がおかしく、どこに行くのかと聞いても、はっきりと返事をしない。「トイレに行ってくる」と絞り出すのが精一杯で、どもる様子も見せていた。結局、彼の行動を知るために、私は彼を尾行した。カジノの中をずっとつけても彼は気付かなかった。距離を保ち、スロット・マシーンに身を隠しながら、根気をもって追跡した。その結果、スポーツ・ギャンブルの窓口までたどり着いた。

他の試合にも賭けていて、その結果が気になって何度も見に来ていたらしい。そのことを私たちに伏せていた理由は、その賭けの結果が芳しくなく、そんな賭けをしたことを知られたら馬鹿にされると思ったからだという。アダムは、私がスポーツ・ギャンブルの窓口で彼に追いつくまで、尾行されていることに全く気付かなかった。アダムにとって幸運だったのは、私がただの心配性の友人で、尾行されたことを皆に笑われる以外は、何も危険が及ばない点だ。しかし、アダムに状況認識が働き、一回でも肩越しに振り返っていたら、私に気付けただろう。私は別にジェームズ・ボンドになりたかったわけではないし、見つかっても一向に構わなかった。ただ、彼の身に何が起きているか知りたかっただけなのだ。

誰かに尾行される理由は？

ＣＩＡ課報員ではなくても、誰かがあなたを尾行することはもちろんあり得る。尾行される可能性が極めて低くても、誰かの監視下に置かれる理由はいくらでもある。離婚や親権問題、訴訟、仕事の同僚との争いなどの経験があるなら、あなたに害を加えたいと思っている人がいるかもしれない。誰かが待っていた駐車スペースを、間違ってあなたが先に入ってしまったといった些細なことや、あなたにお金がありそうだから、お金を奪う価値があると思わせてしまったことが、きっかけとなるかもしれない。

どんな理由であろうと、相手があなたを監視下に置くことが十分あると考え、常に周りに注意を払い、黄色の状態に身を置くことが、あなたの安全確保にもつながる。尾行された場合は、その尾行している相手は、恐らくそれが個人であろうと複数であろうと、あなたに恨みを持っている人、あるいは迫りくる麻薬売買のために現金が今すぐに必要といった類いの人間だろう。そう聞くと少し怖いかもしれないが、いくつかの簡単な手順を踏めば、素人による尾行は簡単に見破れる。監視に気付ければ、犯罪者との危険な対面を回避する、正しい対応ができるだろう。

本当に尾行されているか

ＣＩＡ課報員は、尾行されていると思った瞬間に、尾行を発見するための経路をたどることがいかに重要かを知っている。これは難しく聞こえるかもしれないが、実はそれほどでもない。次に述べるのは、一人のどこにでもいそうな女性が、尾行を発見する経路を正しくたどったいい例だ。ブルックリン出身の二十代のハナは、尾行された時のことをはっきり覚えていた。その日、ハナはブルックリン周辺の人の多い大型百貨店で、ハンドバッグを見ていた。すると、何かがおかしいことに気付いた。「ハンドバッグなどに興味のない男が、うろちょろしているのに気が付いたの。変に感じたけど、特に気にかけなかった」と彼女は振り返る。それでも、自分に過剰に関心を持っている様子が心配になったハナは、香水売り場に行ってみた。「男は私をつけてきたようだった。それでも私は自分の思い過ごしのような気がしていた」。ハナは、はっきりさせたかったので、上の階の婦人靴売り場に移動してみた。その男がそこにも現れたら、尾行されているることは確実に思えるだろう。案の定、男は婦人靴売り場にも現れた。携帯で話しながらハナを目で追っている。

「パニックになり、怖くなったわ。どれくらい前からこの男は私をつけていたのだろう、と思った。一日中？　もし何週間も監視されていたらどうしよう？　どうしていいか全く分からなくなった」。ハナは、公共の場で声を立てて騒ぐことはしなかったが、誰かに脅迫され怯えたままでもいけないと思った。ハナは男の方へ歩いて行き、「失礼ですが」と声をかけた。彼はゆっくりと振り向き、彼女の目を見ずに、去って行ったとハナは振り返る。「でも数分後、彼は戻って来たので、警備員を呼ぶことにした」。彼女が警備員と話しているのを見ると、男は頭を垂れ、急いでデパートから出て行ったらしい。幸運なことに、彼女は二度と男と会うことはなかった。ハナは、この体験を通して、周りで起きていることに警戒を怠らないことを覚えたらしい。ハナは、監視を発見する完璧な経路をたどった。ハンドバッグから香水、それから婦人靴売り場へと移動し、自分と同じ経路をたどったら偶然ではないだろうと踏んだ。尾行されているのは明らかだった。

まず、状況認識を発揮しよう

ハナのように、**周囲への警戒を怠らなかったら、おそらく尾行に気付くことができるだろう。**頭を上げ、関心を持ち、どんな時も周りの人（または運転していたら車）に気付くようにしよう。ハナがもしメールをしていたり、携帯電話で話していたり、友だちとのおしゃべりに夢中だったりしたら、ハンドバッグ売り場にうろつく男に気付いていなかったかもしれない。そうしたら、男は彼女に気付かれないまま、デパート中を尾行できただろう。**何度でも言うが、自分を黄色の状態にしていないと、あなたをいい獲物と定めて近づく犯罪者に気付くことができない。**ハナが気付いたのは、場違いと思えるデパートの売り場に男が姿を現したからだ。ハナは、ハンドバッグ売り場の基準値を知っていて、その中には男性の買い物客は多くないことを把握していた。このことは、彼女が尾行されていることを示す印となった。
ハナの体験は、諜報員の世界のルールにぴったりはまる。

一度目は事故
二度目は偶然
三度目は敵の行動

もちろん、男は自分の母親やガールフレンドにプレゼントを探していた可能性もある。ハナは、「監視を発見するためのルート」をたどった。男が自分を尾行している確証を得るために、婦人靴売り場に行ったのだ。すると、男は三度目に姿を現した。それによって自分に目をつけているのがはっきり分かり、安全を確保するためにすぐに行動に出る必要があることを知った。警備員に話しかけ、人混みの中に居続けるという行動は、全く正しいもので、それによって男はそれ以上の追跡ができなくなった。
監視されないよう、用心しよう。注意深く観察しよう。ＣＩＡ諜報員は、次のような人を、常に気にしている。

・**道で、あなたと近過ぎるところを歩いている人。**前述したが、あなたに危害を加えたい人は、あなたの歩調に合わせてくるだろう。小さい歩幅で歩けば、相手も一歩一歩小さい歩幅で歩く。これは、これから何か起きるという前触れだ。

・**あなたと執拗に目を合わせてくる人。**あなたのことをじっと見ている人がいたら、何かが起こる合図だ。普通、人は目が合うとそらすものだ。それが普通の人間の反応だ。

・**あなたに興味を持ち過ぎる人。**あなたの日課の中で、学校の送り迎え、喫茶店、バスの停留所、そしてジムといった同じ場所や同じ時間帯に現れる人がいたら、観察し、目を離さない。

自分の中に生まれる困惑、心配、不安、疑念、躊躇、または恐れといった不快な感情を無視しないでほしい。これらの一つでも感じたら、監視されている可能性がある。

あなたに危害を加えたいと思っている人は、あなたの歩調に合わせてくる

郵 便 は が き

料金受取人払

新宿局承認

767

差出有効期間
平成30年3月
31日まで

1 6 0 - 8 7 9 0

6 1 1

東京都新宿区
西新宿7-9-18 6F
フェニックスシリーズ
編集部 行

フリガナ お名前	年齢	性別 男・女 職業

住所 〒

電話番号 ( )

E-mail

愛 読 者 カ ー ド

ご購入いただいた
本のタイトル

ご購入いただいた書店名（所在地）

●本書を何でお知りになりましたか？

1. 書店で実物を見て（店名 ）
2. HPまたはブログを見て（サイト名 ）
3. 書評・紹介記事を見て（新聞・雑誌・サイト名 ）
4. 友人・知人からの紹介
5. その他（ ）

●復刊・翻訳をしてほしい書籍がありましたら、教えてください。

●本書についてのご感想をお聞かせください。

ご協力ありがとうございました。

●書評として採用させていただいた方には、**図書カード500円分**を差し上げます。

こちらからもお送りいただけます。

FAX 03-5386-7393　E-mail　info@panrolling.com

車での尾行

また、車で尾行される場合もあるだろう。見たこともない車が、近所を通るのを目にするかもしれない。あるいは、通勤途中や、買物、帰宅途中に、自分と同じ角を曲がる車に出くわすかもしれない。度々通り越しては、車線変更をしてまた後方に下がる車もいるかもしれない。車に尾行されていないか確認するために、次のことを試してみよう。

高速道路を運転していたら、下りて、また乗ってみよう。再び高速道路に戻った時、その車はまだ後ろにいるだろうか。注意しながら、わざと速度を緩めてみよう。尾行していると思われる車は、あなたと速度を合わせていないか。例えば、時速百二十キロで運転していたら、九十五キロまで緩めよう。他の車はあなたを通り過ぎるはずだ。しかし、尾行していると思われる車も一緒にスピードを緩めたら、尾行していると考えていいだろう。

こういうことが一つでも当てはまったら、監視されている可能性が高い。

尾行されていたら、さあ、どうする？

尾行されているかどうかを確認するだけでは不十分だ。**あなたは、尾行している人と対面し**

なければならない。このスキルが、どれほど力があるものか、次のヘレンの話を聞けば、分かってもらえるだろう。

ヘレンは、お気に入りのジョギングコースに向かって坂を上っていると、大きな犬を連れて歩いている男に気が付いた。ヘレンは、何か変だと直感で感じた。そのうち、男はヘレンのすぐ後ろの位置につけた。ヘレンは、ますます不安になった。「私の中の全ての赤旗と警報ベルが、『危ない！　この状況はおかしい！』と伝えていたので、その直感に従って決断しました」とヘレン。ヘレンは止まって、振り向いて、わざと尾行している男の目を真っすぐ見た。これによって、男の思惑が全て彼女にお見通しであることが男に伝わった。その時点で、男はすぐ左を曲がり公園の方へ走り去った。ヘレンは、交通量の多い道を通って、真っすぐ帰ることにした。

ヘレンは正しいことをした。**足を止めて、追跡者に思惑がバレていることを知らせた。**警告を無視してそのまま公園の中を走り続けたら、もっと人通りの少ないところで、男は彼女に危害を加えていたかもしれない。ヘレンが気付いていることを伝えたことによって、男は尾行をやめてそのまま進むという選択をせざるを得なくなったのだ。もちろん、男が尾行を続けたり、不快なことを彼女にするようだったりしたら、すぐに警察を呼ぶべきだ。しかし、ほとんどの犯罪はちょっとしたきっかけで起こるものだから、獲物に気付かれたら他の獲物を探しに行く。

監視を逃れるのに、諜報員が使う五つの戦略がある。政府機関の関係者でなくても、あるいは何年も経験がなくても、これらの戦略を使いこなすことはできる。戦略は簡単に実行でき、本格的な危険から守ってくれる可能性がある。

戦術1　止まって振り返る

危害を加える目的であなたを追跡している人がいたら、「止まって振り返る」ことをすれば、**本当に尾行されているかどうかも分かる上に、相手に自分が気付いていることを伝えられる。**単純に歩いている時にピタッと止まって振り返り、電話を見る、靴ひもを結ぶ、あるいは誰かを探しているかのように周りを見渡すなど、何かをするフリをしよう。それから尾行していると思われる相手を真っすぐ見よう。相手が素人の場合は、面食らってボロを出すだろう。不意をつかれて、固まるか不自然な態度を見せるはずだ。つまり、尾行している人は、道をただ歩いている人の自然な様子とは異なる様子を見せるはずだ。

戦術2　認識する

前述した通り、尾行されていると気付いたら、**相手に何をしようとしているか分かっていることを伝えることが大事だ。**気付かれたら、ほとんどの犯罪者は、あなたにまとわりつくのをやめるだろう。犯罪者は、理想的な獲物を好んでいることを忘れないで。自分たちの正体が暴かれ、計画している悪事もバレたら、もはやあなたは彼らの恰好の獲物にはならない。デパートで警備員に助けを求めた時点で、ハナは自分が相手に気付いていること、尾行をよしとしないことを相手に伝えている。その時点で、男はデパートを去ったのだ。

私の知っている女性は、地下鉄で自分がつけられていると感じて、突然振り返って、尾行者に「何？」と尋ねた。彼は向きを変えてすぐに去ったという。堂々と振り返って「何かご用ですか？」と相手に聞けば、ほとんどの場合、相手はあなたを構わなくなるだろう。

戦術3　弱い獲物にならない

相手にとって都合のいい被害者にはならないようにしよう。自分は強いことを示し、背を高く見せながら、頭を上げて歩こう。誰かに電話して、わざと聞こえるような声で、尾行されていることを伝えよう。さらに、護身用ペンを準備して、使うことも躊躇しないで。**犯罪者たちに写真を見せると、獲物に選ぶのは、頭を垂れ猫背で歩いている、いかにも弱そうな人や、注意を払っていない人だということを覚えておこう。**

戦術4　人混みの中にいよう

誰かに尾行されていると分かったら、絶対に家に帰ってはならない。自宅は、ドアに鍵をかけられ、助けを呼べて安全な場所のように思えるが、最後に行くべきところだ。**犯罪者に自分の住んでいるところを知られたくはない。**家に強盗に入ろうとするかもしれないし、いなくなったと思わせて、実は隠れてもっと遅い時間に侵入しようとしているだけかもしれない。尾行されている時に、安全でいるためには、

・人の多い公共の場を離れないで、助けを呼ぼう。レストランやカフェや、混んでいる店や人の多い街角などが安全な場所だ。

・他の人から隔離されてしまう裏通りや、寂しい道に入らない。犯罪者が襲いやすい状況を作ってしまう。

・食料品店など公共の場で尾行されたら、店を出て車に乗ることは避けよう。犯罪者は、店から出てくるのを待ち、その後、車までついてきて襲撃するか、家までつけることができてしまう。

犯罪者に自分の住んでいるところを知られないようにする

戦術5　速度を落とし、様々なことを行おう

一台の車に尾行されていると分かったら、運転し続けよう（もう一度言うが、車で尾行されていると分かったら、自宅に帰ってはならない）。速度を変え、何度も曲がって、追跡者に気付いていることを知らせよう。安全を確保したら警察に通報できるよう車種と車のナンバーをメモしておこう。

追跡者の靴を確認しよう

歩いていて、尾行されているかもしれないと思った時は、追跡者の靴に注意を払い、ずっと同じ靴かどうか確認しよう。野球帽やサングラスといった小道具は、つけたり外したりされると、同じ人かどうか識別するのが難しくなる。しかし、靴の予備を持ち歩くのは容易ではない。**尾行している人の靴はきっと同じはずだ。**

脅迫される危険性が高い場合

元夫と激しく争っている、ボーイフレンドにいつもつきまとわれている、元従業員や同僚と揉めたことがある、というような人は、自分が脅迫される危険が高いと判断して注意した方がいい。また、頻繁に出くわす人がいて疑問を持っている場合も、脅迫される危険性が高いと思っていた方がいい。トレーニングジムを出る度に、毎回同じ人に会わないだろうか。あなたと同じ場所、そして同じ時間にコーヒーを買う人はいないだろうか。脅迫される可能性が高い場合は、もっと警戒した方がいい。

行動パターンを変える

特定の人間に尾行されるかもしれない場合は、行動パターンを変えることをお勧めする。

私たちは、習慣を好む動物だから、いつもの行動パターンを変えるのは難しいかもしれない。しかし、安全を確保するためには、行動パターンを変えることと、それを行う時間帯を変更することが重要になってくる。

・朝、家を出る時間を変えよう

・通勤のルートと時間を変えよう
・行動をミックスさせよう。毎日同じコーヒーショップでコーヒーを買うなら、違うお店に違う時間帯に行こう
・行ったことのないレストランに行こう
・仕事場から家までの道のりを変えよう

脅迫される危険が高いことを想定して警戒すれば、尾行されにくいだろう。しかし、それだけで満足せず、**どんな時も、黄色の状態でいよう。黄色の状態を保てば、危機的な赤の状況を避けることができることを忘れないでほしい。**

自分の中のスパイ心

私がCIAで培った監視のスキルが、付き合っていた女性の父親に会う際に役立つとは夢にも思わなかった。まだ独身だった私は、感じのいい女性と知り合い、素晴らしい初デートを迎えた。二回目のデートもいい感じで、その後パーティーで彼女の父親に会うことになった。パーティーの直前に、彼女は自分の父親が建設業を営んでいて、あの悪名高いマフィアの犯罪王ジョン・ゴッティを雇っていたこともあると教えてくれた。その上、彼女の両親は、悪評高い殺し屋にも

遭遇したことがあるという話も彼女から聞いていた。

私は、少し疑ってきた。彼女の父親が、マフィアだという証拠はなかったが、見た感じもそのままだったら…。私は人に会った瞬間に品定めするのだが、彼女の父親も私と同じようにズボンのポケットにナイフを留めていることにすぐ気付いた。それがどんな種類のナイフか彼に聞いたら、彼はびっくりして飛び上がった。すぐに彼も私が銃を持っているかどうか聞いてきた。普段銃を持ち歩いている私も、メリーランド州の法律は持ち歩くことを禁じているから持っていないと伝えた。これを聞いて、彼はとても感じよく接してくれたが、私には彼がマフィアドラマ「ザ・ソプラノズ」から飛び出た典型的なマフィアにしか見えなかった。

その晩遅く、彼女は泣きながら私のところに電話してきた。夕食会のパーティーに何故ＦＢＩの捜査官を連れてきたのかと父親に責められたらしい。彼女の父親は、名前、住所、電話番号、ナンバープレートなど私のあらゆることを知りたがったという。ＦＢＩの人間ではないといくら説得しても、父親は聞く耳を持たない。なるべく早く私にこのことを伝えたかったから私に電話したのだと彼女は言った。私はすぐに最高レベルの警戒体制に入った。タウルスＰＴ２４／７型の銃を持ち歩くようになった。仕事に行く時も、家に帰る時も監視を発見できる経路を選んだ。また、家の周りにも、警報装置やビデオカメラ、行動探知機といった安全対策を山ほど取り付けた。私の身辺調査をするために彼女の父親が人を雇うことが、容易に考えられたからだ。一連のこの流れは一、二週間かかるだろうから、その間、あらゆる手段を使って生き残らなければならない。結局、先方は、私に脅威を感じなかったようで、そのうちまた夕食会に呼ばれた。その時、彼女の父親は男同士座って話そうと私に言ってきた。「ジェイソン。今週末に狩りに行くけど、一緒に来ないか?」と誘ってきた。銃の数が十対一で、一緒に狩りに出かけるなど冗談じゃない。もちろん私はマフィアたちにはやられてはいない。こうして生きているのだから…。

私が言いたいのは、全て順調に運んでいると思っている矢先に、彼女の父親がマフィアであることが分かり、突然監視を逃れる色々なスキルが役立ったということだ。この状況は、簡単に自分一人で切り抜けることができたが、もっと深刻な状況だったら、過激な戦術が必要になったかもしれない。

過激な監視

普通の人は、過激な監視方法など心配する必要はないと思うが、プロは監視するために興味深い方法を取ることがある。時間と、それ相応の人脈がないと実行できないこれらの方法を、一般人が行うのは難しいだろう。しかし、あなたのスパイ心に好奇心旺盛な面があるようだったら、見破るのが難しいもっと複雑な監視方法もあるので紹介しよう。

平行監視

○必要なもの

・車二台、またはそれ以上
・道（並んで走れる道路）に詳しいこと

○方法

まず一台の車が、獲物の車と適度な距離を保ちながら尾行する。尾行している他の車は、獲物が走っている道路と平行している道路を走る。そうすることによって、ターゲットとなる車が曲がったら、追加の他の車が尾行を交代することができる。

●馬跳び監視

○必要なもの

・複数の車
・無線
・暗号（お好みで）

○方法

この方法には、複数の車、そして連絡をマメに取り合うための無線が必要だ。心の中のジェームズ・ボンドを目覚めさせたければ、ターゲットの行動を表す暗号をいくつか用意しておくといい。名前の通り、この監視方法は、道の先にいる人にターゲットがもうすぐ着くことを知らせるというものだ。つまり、最初の一台はスピードを緩めたり、後退したりしなくてもよくなるから、ターゲットに見破られる可能性が低くなる。

見張り監視

○必要なもの

・何人かで構成されたチーム
・無線
・該当箇所の周辺情報

○方法

見張り監視は、標的が現れると思われる場所に、数人配置することから始まる。これらの見張りは互いに無線で連絡を取り合う。ニューヨークである標的をつけようと思ったら、地下鉄の入口や街角、あるいは標的が現れそうな店やコーヒーショップに人を配置する。監視に関わっているチームの面々は、標的の居場所を知らせるために互いに無線で連絡し合う。

こういったスパイの策略は知ると楽しいし、映画のようにどうやって人をまくか考えるのも面白いだろう。それに、危険が迫っても、自分を守る度量が自分にあることを知っていると心強い。

今日から、周りの人に関心を持とう。買い物で並んでいる顔ぶれを見てみよう。レストランであなたのことをじっと見ている人に気付こう。家に向かう途中、あなたと同じ角を曲がる車を軽視しないで。尾行する人が実際にいるかもしれないことを認識すること、そして、もしかしたらその人があなたに危害を加えようとしていることを知ることが、自分の安全をコントロールする第一歩となる。自信に満ちた、気付ける人間になるための努力で、命が救われるかもしれないのだ。

今日から、周りの人に関心を持とう

監視チームを混乱させよう

尾行している人をまく一番いい方法は、単純に彼らを混乱させることだ。監視をやめさせるために、赤の他人にでたらめを書いたメモを渡そう。あるいは、店の中に入り、成り行きまかせで会話を始めよう。これらの単純な行動で、監視チームは混乱し、監視を中止するかもしれない。

第8章

ソーシャル・エンジニアリングの秘密

どのように人の心は操つられてしまうか

状況認識力

A Former CIA Officer Reveals Safety and Survival Techniques to Keep You and Your Family Protected
by Jason Hanson

SPY SECRETS That Can Save Your Life

イギリス北部の小さな町で、若い女の子とその友人たちが、学校帰りに十代の男の子たちに遊園地の乗り物とアイスクリームをおごってもらった。しばらくすると、十代の男の子たちはいなくなり、もっと年上の男たちが相手をするようになった。無料のアイスクリームは、そのうちドライブやウォッカやマリファナに取ってかわられた。ある女の子は、自分の倍ほど年上のグループのリーダーらしき男性に目をつけられた。彼女が『ニューヨーク・タイムズ』に後で語ったところによると、彼は彼女を「褒めちぎり」、次第に飲み物や携帯を買い与えたらしい。彼女も彼に惹かれていった。彼女の信頼を勝ち取った男は、彼女をレイプした。最初は、たまにしかないレイプも、週毎となり日毎となっていった。そのうち、この若い被害者は、鍵がかけられたマンションの一室で、何十人もの男の相手をさせられるようになったという。

残念ながら、この女性の体験はそう珍しいものではない。一九九七年から二〇一三年の間、イギリスのロザラム地方で千四百人に及ぶ子どもたちが、性的暴行を受けたという。経緯は皆同じだ。若い男の子たちが、若い女の子を漁りに、バス停やショッピングセンターや街中に頻繁に顔を出す。タバコやお酒で彼女たちを釣る。時々、危険ドラッグが使われることもあった。一人の男の子が女の子と性的な関係をもち、「彼氏」を演じる。そして、もし自分を本当に愛していたら、他の男たちともセックスするよう強要するのだ。この時点まできたら、脅迫やゆすりも使われる。ある若い女の子は、このことを誰かに話したら、家族を殺すと脅されたという。いくつかの事例では、事態はもっとひどい方向にいき、女の子たちはドラッグや銃のために取引されたり売られたりした。

これは、ソーシャル・エンジニアリングが、普通では想像もできないようなひどいことを、いかにして人に強要させるかを表した悲劇的な例だ。始めは、アーケードの下で十代の男の子からアイスクリームをもらうといった、たわいのないものだった。しかし、徐々に、事態はドラッグやアルコール、車のドライブ、そして携帯電話へとエスカレートしていき、悪意ある計画へと姿を変え、終いにはずっと年の離れた男たちによって搾取されるという結末を迎えるのだ。

ソーシャル・エンジニアリングとは？

ソーシャル・エンジニアリングとは、人がやりたくないと思うことをやらせるよう精神的に操ることをいう。また、極秘の情報を漏らすよう人を操作することもソーシャル・エンジニアリングと言える。色々な形があり、その全てがここまで悪質とは限らない。例えば、ニューヨークのような大都市では、信号待ちの間に、車のフロントガラスにスプレーして拭いてくる人がいる。あなたは「やめろ。拭かなくてもいいから、あっちへ行け！」と言うだろう。でも、相手はあなたを無視して拭き続け、結局、相手はいい仕事をしてくれる。相手が窓に顔を近づけた頃には、「まあ、いいか。フロントガラスをきれいにしてくれたし、二ドルあげるとしよう」と思ってしまう。この窓拭きは、自分にお金を渡すように、あなたをソーシャル・エンジニアリングしたことになる。

ボルチモアにいた頃、よく行くガソリンスタンドのドアの前に、いつも男が立っていた。毎回私のためにドアを開け、「よい一日を」と声をかけてくれる。出る時もドアを開けてくれるのだが、今度は「一ドル恵んでくれないか？」と聞いてくるのだ。この男に操られ、何ドルも支払う男たちを私は目にしている。さらに、誰かから誕生日のプレゼントをもらえば、「今度は、私が誕生日に、プレゼントをあげなければ…」と思ってしまうだろう。これらのソーシャル・エンジニアリングにはイライラさせられるが、必ずしも危険ではない。しかし、犯罪者の多くは、正直な人から欲しい物を奪うためにソーシャル・エンジニアリングを使うことを覚えてしまっている。

色々な形のソーシャル・エンジニアリングがあるが、中でもインターネット上で行われるソーシャル・エンジニアリングによる詐欺は、珍しくないだろう。例えば、顔見知りからくるお涙頂戴のメールを受け取ったことがある人も多いのではないだろうか。「海外で旅行中に泥棒に遭った。大使館は閉まっているし、無一文。クレジットカードの番号を教えてもらえるあなただけが頼りだ」といった内容だ。幸い、ほとんどの人はこれが詐欺だということを知っている。

しかし、こういった詐欺は後を絶たない。なぜなら、困っている人を助けようとカード番号を渡してしまう人が世の中には実際いるからだ。こうしたソーシャル・エンジニアリングを駆使した詐欺は、もう何世紀も続いている。**コンピューターに向かった瞬間、弱い立場になり得ることを知っておこう。**コンピューターウィルスのトロイの木馬から、バーナード・マドフのネズミ講詐欺まで、ソーシャル・エンジニアリングの詐欺は色々な形があるから要注意だ。

前に私が友人とフランスを旅していた時のことだ。地下鉄を下りた瞬間、一緒にいた女性が地図を開いた。すぐに、道案内をしようという男が近づいてきた。私は、共犯者が彼女の財布を盗めるように、この男が彼女を指定の位置につかせていることがすぐに分かった。彼女に道案内しようとしている男の少し離れたところにもう一人男がいて、襲うタイミングを伺っていた。これは、人の気を引いている間を狙う典型的な詐欺のパターンだが、ソーシャル・エンジニアリングには、もっとクリエイティブなものもある。

ニューヨークで、きちんと正装した一人の男が、同僚に会おうと歩いていると、小さい子を連れた男がぶつかってきた。ぶつかった瞬間、中華料理が入った容器が地面に落ちた。食べ物を持っていた男は怒り狂った。「俺たちの夕飯だぞ！　夕飯を台無しにしやがって！　この子に食べさせるためのお金がもうないじゃないか！」。ずっとニューヨークに住んでいる男は彼を疑ったが、その男のために金を支払おうと財布に手を伸ばした。きっと詐欺だろうと思ったが、小さい子どもが夕飯抜きなのも可哀想だと思ったらしい。種明かしをすると、詐欺師は中華のテイクアウト料理店に行き、メニューの中で一番安いものを選び、人が良さそうな人にぶつかり、「ダメになった夕飯」で稼いでいるのだ。この詐欺は、最近中華からワインボトルにバージョンアップしているらしい。高そうなワインボトルを持った男が観光客にぶつかり、偽のレシートを見せ、六十ドルもぼったくるというシナリオだ。

二〇〇八年の北京オリンピックで姿を見せたのが、中国茶の引率詐欺だ。若い中国人の女性たちが、観光客の相手を何時間もし、伝統的な中国茶のお茶会を体験してみてはどうかと提案する。観光客は、茶室へ連れて行かれるが、メニューは見せてもらえない。「伝統的なお茶会」の中でほんの少し中国茶をたしなんだ後、高額な請求書を手渡されるのだ。無礼、そして愚かに思われたくない観光客たちは、それを全額支払う。言うまでもなく、女性たちは、この茶室の経営者の従業員だ。彼女たちの働きで、とてつもなく大きい利益を生み出していたそうだ。

これらの状況は全て、個人の感情を餌食にし、やりたくないことをやらせるように仕向ける精神的な操縦が含まれている。幸い、自分の良識が利用される状況に気付くことは可能だ。人間が詐欺被害に遭ってしまう根本的な原因や、犯罪者が詐欺によく使う方法を知れば、彼らの陰謀に引っかからなくなるだろう。

なぜ騙されてしまうのか――認知バイアスとは

ソーシャル・エンジニアリングのスキルを利用する人たちは、私たちの思考の割れ目に入り込んで、操縦することを目的としている。詐欺師は、人間の欠点を探し当て、それを使って欲しい物を手に入れる天才だ。彼らは自由自在に人間の欲、好奇心、優しさ、そして恐れといった幅広い感情を操ることができる。恐れの感情は、追われたら走れとか、建物が燃えていたら逃げろといった時には命を救ってくれるが、私たちを罠に陥れる時もある。よく練られた**ソーシャル・エンジニアリングの計画に落ちる瞬間は、詐欺師たちの犠牲のみならず、自分の認知バイアスの犠牲にもなっている瞬間でもあるのだ。**

認知バイアスとは、情報を処理しようとしている時に起こる思考のエラーだ。人間は物事を判断するために色々な情報を素早く処理しなければならない。認知バイアスは、そこに辿り着くために脳がたどる近道だ。このような近道は、危機的な状況下では大変役に立つ。しかし、誰かが自分を騙そうとしている時にはあまり役に立たない。

私たちは物事を判断する時、色々な先入観（バイアス）によって影響を受けるが、いくつかの主要な先入観について予め知っていれば、詐欺に引っかかることも少なくなるだろう。

感情ヒューリスティック

感情ヒューリスティックとは、**心の直感的な反応のことをいう。** 感情的に物事を決断する、瞬間的な反応だ。要するに、何かについて好感を持ったら、それが何であれ、そのものが自分の人生にとっていい影響を与えてくれるものだと信じ込んでしまう、といったものだ。基本的に、どう感じるかで、特定の状況の良し悪しが決まるのである。

例えば、家族と一緒に、夏休みを湖で楽しく過ごしながら育った人は、水を見る度に心地よい落ち着いた気持ちになる。これに対して、子供の時に溺れかかった人は、水を見ると、心配と恐怖を感じるだろう。水に対してどう思うかは、実際に水を見た時の反応に直接影響する。

おとり効果

おとり効果は、二つの選択肢で揺れている時に、三つ目の選択肢の存在に気付いた場合に起こる。**三つ目の選択肢によって、先の二つの選択肢のどちらがいいか判断できるようになるというものだ。** デューク大学のマーケティング博士ジョー・ヒューバーは、おとり効果の成果を、レストランを選ぶ際の人々を例に挙げて説明した。車で遠くまで行かなければならない五つ星レストランと、近くにある三つ星レストラン。皆どちらがいいか選択できなかった。美味しい食事と遠出、あるいは、近いがそこまで美味しくないディナーか。遠い道のりさえなければ、即五つ星に決まりそうだった時に、博士は三つ目の選択肢に、二つのレストランの間に位置する二つ星レストランを挙げた。これによって、みんな三つ星レストランを選ぶことができた。二つ目の選択肢は、三つ目の選択肢より、場所と味両方の面で勝ったからだ。

別の例で言えば、ちょっと前まで、レストランで飲み物を買う時や、ダンキンドーナツやスターバックスでコーヒーを頼む時、大中小の三サイズから選ぶよう言われたものだ。しかし、スーパーサイズとトールという新たな選択肢が増えたことによって、私たちの多くは小を頼むところ中を頼むようになった。おとり効果によって、私たちの脳は、新しい選択肢と従来の選択肢を比較し、少し大きめのカップを選ぶよう働くのである。

現実逃避主義

人はいい知らせの時は、たくさん情報を集めたがる。しかし、悪い知らせの場合は、それが例え役に立つものでも、知りたくないと思うものだ。もうお分かりだと思うが、**現実逃避主義は、知らないフリをして悪い情報を認識しない行為だ。**基本的に、「見えないものは、存在しない」という考え方だ。

現実逃避主義の典型的な例は、旅行やクリスマスのような盛大な休暇の後で、クレジットカードの請求書を開けたくないといったものだ。その情報で自分の気分が沈むのを知っているから、必要に駆られるまで単純にそれを開きたくないのだ。つまり、その情報を見ないことによって、暗い気分になるのを避けているのだ。

楽観主義バイアス

私たち人間は、進歩のために希望が必要だが、現実より楽観的になる傾向がある。現実よりも、ずっといい結果を期待してしまうのだ。明るい未来を想像することは、すなわち、起こるかもしれない危険に備えないことでもあるため、弱い立場になる可能性もある。

具体的には、**必要以上に楽観的な人は、実は起こり得る人生の出来事に備えていないことが多い。**そういう人は、失業時に守ってくれる貯金がないかもしれない。また、過度に楽観的だと、年に一回の健康診断を怠るかもしれない。貯蓄しない、または頻繁に医者に診てもらわないがために、あまりよくない、あるいは最悪な結果を招くケースがあるのだ。

新近性バイアス

新近性バイアスは、**最近起こっているトレンドや風潮が、これからも続くと考える傾向のことをいう。**最近の出来事の影響を覚えておく方が、人は楽なのだ。だから、実際のデータを見たり、予想できない出来事もあることを認識したりするよりも、私たちはこれからもずっと同じように人生は運ぶのだと考えがちだ。

具体的には、ハリケーンの警報を深刻に捉えなかったり、あなたの地域が今まで一度もハリケーンに襲われたことがないという理由から、何も対策を取らなかったりする行動だ。

認知バイアスに邪魔され、騙されないように

ここまで紹介した他にも、たくさんの認知バイアスの例があるが、認知バイアスによって詐欺被害に遭わないように、できることはしよう。**まず、健全な懐疑心を持てば、安全でいられることを忘れないでほしい。**常に詐欺に遭うことを心配しろとは言わないが、気に留めてほしい。外国で地図を広げた時に誰かが手を差し伸べたら、一瞬肩越しに後ろを見て安全を確認しよう。警察だと言って誰かが玄関に現れたら、それが本当かどうか一一〇番して確認しなければならない。疑いを持ち、安全を確保するために周囲や情報の確認をすることに躊躇しないようにしよう。

毎分、詐欺が行われている

「毎分、騙される馬鹿が生まれている」という諺は有名だが、特にインターネットの時代に突入してから、「毎分、詐欺が行われている」と言っていいだろう。ここに詐欺の形を全て並べることはできないが、最も普及しているものをいくつか紹介しておこう。パターンを知れば、同じパターンであなたを騙そうとする人がいた場合、回避する準備ができるだろう。

相互法則　必ずしも人の好意に恩返しをしたくない場合

誰でも、好意に好意で報いたいと心から思ったことはあるだろう。隣人が、休暇中に、郵便を受け取ってくれたり、家族の一員がピンチの時に子どもの面倒をみてくれたりしたら、恩返ししたいと思うのは、自然なことだ。本質的に人間は、誰かにいいことをしてもらえば、その好意に報いたいという気持ちを持っている。しかし、場合によっては、この好意に報いたいという気持ちがトラブルを招くこともある。それは、誰かが故意に相互法則を使って、与えたものよりずっと大きな見返りを求める場合である。例えば、隣人が、あなたが留守の間、犬を散歩してくれたとする。親切な行為なので、自分も相手の休暇中に、植物に水をやったり、猫に餌をやったりしてあげようと思うだろう。しかし、もし相手がある日、夏の間中、芝を刈ってほしいとか家の壁を塗り替えてほしいと頼んできたらおかしいだろう。**トラブルは、犯罪者が相互法則を使って、**

与えたものよりずっと大きな見返りを求めてきた場合に、生じるのだ。

一九九〇年の五月一日、仕事帰りのパメラ・アン・スマートは、帰宅したら、家は荒れはて、夫は撃たれて死んでいた。世間を騒がせた裁判の結果、スマートは、殺害共謀罪の一級殺人で有罪判決になった。夫を殺したのは、スマートの十五歳の愛人ウィリアム・フリンと彼の友人二人だった。スマートと十代のフリンは、学校のボランティア・プログラムで知り合った。二人の関係が深まると、スマートはフリンに、夫が死んでしまえばいいと明かした。次第に、スマートは、夫を殺してくれなければもうフリンとは寝ないと脅迫した。この殺人に関与したフリンは、二十八年から終身刑の宣告をされた。他の十代の仲間は、殺害共謀罪、または殺人の共犯で有罪判決になった。裁判で明かされたのは、スマートがフリンに自分を本当に愛していたら、夫を殺してくれるはずだと詰め寄ったことだった。スマートは、自分のほしいものを手に入れるために、フリンに相互法則を使った。若くて弱い人と関係を始め、セックスを与える代わりに見返りを求めた。もちろん、これは普通の関係ではない。スマートは、自分のために殺人を犯すようソーシャル・エンジニアリングの状況を作り出したのだ。

諜報員の世界では、相互法則は、誰かから飲み物をおごられたり、贈り物を受け取ったりした時に、その見返りとして小さな恩返しを求められるところから始まる。この小さな恩返しは、転げ落ちやすい坂道の始まりになることが多い。**肝心なのは、例え誰かに恩を受けた状況でも、**

自分がおかしいと思うことをやるよう促されてはならないということだ。

◆慈悲深い人になってはならない理由

ジョージア州のガソリンスタンドでガソリンを入れていたティミキア・ジャクソンに、助けを求めるカップルが近づいてきた時だ。女性の方が、車に入れるガソリン代を恵んでくれないかとお願いしてきた。カップルを助けてあげたいと思ったジャクソンは、財布の中の最後の二十ドル紙幣を渡した。女性はジャクソンに感謝し、お礼にハグしてもいいかと尋ねてきた。ジャクソンは応じた。運転席から男性が出てきて、ジャクソンに近づき、「本当にありがとう。感謝するよ。ハグしてもいいかい？」と聞いた。その抱擁にジャクソンは違和感があったと振り返る。翌朝、なぜカップルが執拗に抱擁を求めてきたかが分かった。銀行口座から三千ドルほどがなくなっていたのだ。ガソリンスタンドを出て数時間しか経っていないのに、デビットカードから大きな請求が二件来て、ＡＴＭから現金が引き出されていた。抱擁している間に、泥棒たちはハイテクのスキャン装置を使って、前ポケットに入っていたクレジットカードの情報を盗んだのだ。

しかし、ジャクソンが盗まれたのはまだクレジットカードの番号だけでよかった。誰かを可哀想に思い、善人ぶると、命を危険にさらすことにもなり得るのだ。**他人を助けたいと思うのは、特に本当に困っている場合はとても立派なことだが、そうすることによって、危害を加え**

られないようにすることも大切なことだ。

一九七〇年代に七つの州にまたがって三十人も殺したテッド・バンディという悪評高い連続殺人鬼は、善人ぶって詐欺を起こす天才だった。バンディは、ハンサムでカリスマ性のある人物として知られていた。獲物には、怪我したフリをして近づくことが多かった。松葉杖を使うことが常だったようで、自宅からギプスの型を作る石膏も見つかった。シアトルの約百キロ南東にある大学のキャンパスから女性が消え始めると、同じ目撃証言があがった。足にギプスをし、腕を包帯で吊った男性が、荷物を車まで運んでほしいと助けを求める姿だ。

もちろん、助けを求める全ての人が邪悪な連続殺人鬼とは限らない。ただ、バンディの例は、傷を負った人を車まで数メートル助けるといった単純な行為で、いかにその人が弱い立場に置かれるかを証明してくれている。**困った人を助けるというのは、人間としての本能だが、人を助けたいという慈悲が自分の身の安全を上回ってはならない。**

インディアナ州のベーツヴィルでは、車が故障して動けなくなった運転手のフリをして、いいカモとなる善人を待つ詐欺師がいた。高速道路の路肩に車を寄せて、助けが来るのを待つのである。年老いた女性が止まった時、詐欺師は車の機械的な問題を修理するためのお金を借りることに成功する。男は、この女性に翌日再び電話をした。残念ながらまだ詐欺に気付かないこの女性は、お金を返してくれるという男のために家の住所まで教えてしまう。男は家に到着すると、許可なく家に侵入し、財布を盗み出した。一方、バンクーバーでは、食品売り場から帰ったシャーリー・マグリッコという女性が、家の前の通りでカップルと出くわした。オーバーヒートしたバンのために水が欲しいという。家に入って、家の警報装置を外すことを忘れたことに気付いた彼女は、二階に装置を外しに行った。一階に戻るとカップルはいなく、財布もなくなっていた。

要するに、あなたの人の良さを利用する方法はいくらでもあるということだ。**誰かを助ける前に、自分一人の状況を作らないこと、人の車に絶対に乗らないこと、そして少しでも不安を感じたらすぐにその場を離れるか、助けを呼ぶことを覚えておこう。**

プリテキスティング

映画『ダイ・ハード４．０』で、ジャスティン・ロング演じるマット・ファレルという登場人物は、仮病を使ってプリテキスティングする。オンスター（通信を利用した運転支援や情報提供サービス）のスタッフに、心臓発作で死にそうな父親の元に行くために車が必要だと言う。これによってスタッフは、ファレルが盗む計画を立てている車のエンジンを遠隔操作でかけるハメになる。

プリテキスティングとは、人に思った通りの行動を取らせたり、通常教えてくれないであろう情報を聞き出すために、作り話をすることである。大体の場合、念入りな嘘が含まれている。犯罪者は、同僚や銀行員、保険調査員や税務当局、はたまた牧師に成り済ましているかもしれない。プリテキスティングを行う人は、人に思い通りの行動を取らせるためにそれだけ権力を持ち合わせている人や、その情報を知る権利を持っている人に成り済ますだろう。

フロリダ州マナティーでは、幸いプリテキスティングに気付いたおかげで、命が助かった例がある。日曜日の夜遅く、赤と緑色のフラッシュ灯が目に入り、自分の車を片側に寄せた。背が高く、ヒゲを綺麗に剃った男が、自分の車に乗り込むよう言ってきた。免許証や登録証明書を出すよう言われなかったので、彼女は車から出なかった。男は、自分の車に戻って、女性警察官を呼びに行くと言ったが、そのスキに彼女は猛スピードでその場を離れた。この女性は、普段から見知らぬ男の車には乗り込まなかった。幸運なことに、自分の車に乗せるための芝居だったことに彼女は気付けたのだ。彼女は、車を止めてすぐに警察に電話をした。

○見抜く方法

・プリテキスティングを試みる人は、返答を用意していることが多い。権威あるように見せるために、知っておくべきことを予め予想しているのだ。腕のいい人は、頭の回転が速く、状況がどう転ぼうが対処できるから注意しよう。**自分の心の声に耳を傾け、相手が全ての質問に答えられない場合は、何かおかしいと思おう。**例えば、先ほどの話でも、女性の車を止めることには成功したが、制服も着ていなければ車に何の表示もないことに気付こう。
・細かい情報のつじつまが合わない場合。「お正月は、家族だけの小さな集まりを行う予定よ」という友人がいたとしよう。しかし、彼女の家の前には三十台もの車が並び、通りの下の方まで音楽が鳴り響いている。そういう場合はつじつまが合っていないと言える。
・話がうますぎる場合。全ての人に、金持ちのナイジェリア人の叔父がいるわけではない。五千万ドル受け取れるといったメールが届いたら、それは詐欺だから無視するのは当たり前だ。
・クレジットカード会社は、あなたに電話して個人情報を聞き出したりはしない。もしクレジットカード会社から電話かかってきたら、電話を切ってカードの後ろにある電話番号にかけ直して調べてみよう。

気をそらしている間の強盗

テネシー州には、気をそらされている間に強盗されたことをとても後悔している男がいる。テネシー州クロスヴィルのスティーブン・アマラルは、あるカップルからとても珍しい要請を受けた。夫が煙草を買いに行っている間、女性がアマラルの家のプールで、裸で泳いでもいいかという内容だった。アマラルは、二十分ほど女性が裸で泳いでいる姿を眺めていた。蓋を開けてみると、アマラルが彼女の泳ぎを眺めている間に（彼女にタオルまで差し出したようだが）、夫の方が彼の家に強盗に入っていたのだ。

人は簡単に気をそらされる。犯罪者たちはこれを十分に承知している。個人またはグループの気をそらせることは簡単だ。気のそらせ方も、時には大規模な場合もある。ミシシッピー州グレナダでは、地方の学校二校に爆弾予告をしたことで三人が逮捕された。警察が二校の生徒を避難させ、爆弾を捜索している間、地元の銀行に覆面の男が強盗に入った。

しかし、ほとんどの場合、気のそらせ方はもっと小規模で、瞬時に行われる。**犯罪者たちは、相手に何も気付かせない間に、事を成し遂げる。**被害者たちも、ハンドバッグや財布がなくなって初めて気付くパターンだ。カリフォルニア州サン・クレメンテでは、八十六歳の男が、二十万ドルもする宝石を盗られた。強盗は、土建業者のフリをして、年老いた家主に近づいた。屋根の修理をするという男の申し出をこの年老いた男は受けた。土建業者の男には息子もいた。年老いた家主に、息子が屋根に上っている間、彼を見ていてほしいと願い出た。その間、土建業者は家に入り、宝石を盗んだのだ。

ロンドンのハイ・ストリートでは、一人の女性がスーパーマーケットに向かう前に大金をおろした。すると、近づいてきた二人の男性と一人の女性のグループに「背中に何か付着しているから取ってあげる」と言われ、気を取られている間に、ハンドバッグからお金を盗まれた。気をそらしている間に行う犯罪のターゲットは高齢者が多いが、誰でもこのような犯罪に遭う可能性があるので注意したい。

困った人を助けている間の詐欺同様、気をそらす間の詐欺も、想像力豊かなものが多い。あなたの気をそらすために、犯罪者たちが使う方法に際限がない。それでは、気をそらす間に行われる詐欺の被害に遭わないためにできることは何だろうか。

・**距離を保つ。**様子が変な人がいたら、その人から離れ、近づかせない。これによって、スリに遭ったり、相手の思惑通りに襲われたりするのを防ぐことができる。

・**後ろを見る。**私がスーパーマーケットから出てきた時に、乗せてくれないかと女性が近づいてきたことがあった。こういう行動は普通ではないので、私はすぐに周りを見渡し、頭を殴って物を盗んでいく人がいないか警戒した。

・**質問をしよう。**相手の話にたくさん質問をし、つじつまが合うか確かめよう。言われたことをそのまま受け取らない。あなたの気をそらそうとしているならば、あなたの質問を全て答えられないはずだ。相手を問いつめれば、去って行くだろう。

思い通りに人を動かすソーシャル・エンジニアリング法

予想外だろうが、ＣＩＡ諜報員はよくソーシャル・エンジニアリングのターゲットにされる。ＣＩＡ諜報員が、バーで美しい女性に近寄られることは珍しいことではない。一度、仕事帰りに他の同僚とバーで飲んでいた時に、女性が近寄ってきた。すぐにベアルーシ出身の女性だと知った。この女性との面識は全くないのに、彼女はひどい夫に暴行を受けているという驚くべき自分の人生の話を語り始めた。わずか十八歳の時に、四十代の夫に売られたのだと告白した。夫から逃げて避難所に身を寄せるが、ここでもさらにひどい暴行に苦しんだらしい。これらの苦労にも負けず、そこから抜け出した彼女は医学部に入ることに成功した。このような個人的且つ悲惨な話を、積極的に明かす様子に私の警戒を表す赤旗は全て上がった。彼女も私から同じくらいの情報を聞き出したいと思っているのは一目瞭然だった。それを私から聞き出して、一体誰に渡すと言うのだろうか。幸運にも、私はトレーニングを受けているので、彼女に恩を感じて同じくらい自分の情報を明かすようなことはしない。バーで私に言い寄りたかったら、自分の一番いい印象を与えようとするものだ。夫にレイプされたメール・オーダー・ブライド（ネット上で知り合った花嫁）の話など決してしないはずだ。

ソーシャル・エンジニアリングを利用する方法

もちろん、誰かを傷つけるためにソーシャル・エンジニアリングを使ってはならないが、これを使って少し楽しんでもいいだろう。自分の思う通りのことを人にやってもらうために、色々な方法がある。次に述べるのは、自分の都合のいいように使えるソーシャル・エンジニアリングの想像力豊かな数々の例だ。これらのスキルを覚えて、自分自身がソーシャル・エンジニアリングの餌食とならないよう参考にするのもいいだろう。

○ボディーガードを雇う

有名人になったら、どんな感じだろう？　二十三歳のブレット・コーエンは、ソーシャル・エンジニアリングを使って、それを味わってみようと思った。ニューヨークのタイムズ・スクエアを調べ上げ、セレブ・デビューを果たすのに最高の場所だと決めた。側近を自分で作り上げることにしたコーエンは、コミュニティサイトで二人のボディーガード、三人の映像カメラマンと四人の写真家を雇った。外見もごく普通のコーエンは、オシャレなシャツと濃いサングラスを身につけ、明るい笑顔を取り繕った。コーエンは、二人の屈強なボディーガードを連れ、ロックフェラー・センターのビルからそっと出た。映像カメラマンと写真家たちはすぐに仕事に取りかかった。コーエンは大きく笑い、自信を醸し出した。群衆に投げキスもした。群衆はすぐに騙された。

有名なブレット・コーエンについてどう思うか、友人に聞いて回ってもらった。ある男は、もちろん出演していないスパイダーマンの映画の役に触れ、「いい俳優だ」と言った。また、もう一人の男はコーエンの音楽について聞かれた時、「最初のシングルは聴いたよ」と答えたらしい。コーエンは、タイムズ・スクエアの周りを三時間も彼についてまわったファンとポーズを取りながら写真を撮った。叫び声を上げ、投げキスをしていたある女性の一団は、「人生で最高の一日！愛している！　彼、最高！」と言った。この悪ふざけが終わる頃には、三百人近い群衆が彼についてまわっていた。大群衆のせいで警察が来るのを心配したコーエンと彼の護衛たちは、群衆に後ろに下がるように促しながら、小さなホテルに入って行った。この体験を全て録画していたコーエンは、終わった後、一人で通りを歩き、地下鉄に乗った。取り巻きがいなくなった瞬間、彼のセレブリティも消えてしまったようだ。

○赤ちゃんを借りてくる

相手の警戒心を解きたい場合、恐らく赤ちゃんを連れて行ったら実現できるだろう。しかし、これは多分男性限定の方法だ。残念ながら、私たちは洗脳されている。本当のところ、女性が赤ちゃんの面倒を見ることを当たり前のように思っている。だけど、もし父親が赤ちゃんをスーパーマーケットに連れて行ったら、彼は自動的に、ヒーローになるだろう。私の友人は、彼女の夫が小児科の看護士たちから、自分とは全く違う待遇を受けたエピソードを話してくれた。病気の赤ちゃんを医者に診てもらうために連れて行ったのだが、赤ちゃんの物を入れたバッグを家に忘れた。お腹がすいた赤ちゃんは、当然食べ物を求めて泣き叫び始めたという。すぐに看護士たちが粉ミルクと哺乳瓶を用意し、そもそも父親が赤ちゃんを医者に連れてきている事実に感動している様子だった。「これが私だったら、つまり哺乳瓶を家に忘れてきたのが私だったら、最低の母親として見られていたと思うの。でも、夫は姿を見せただけで称賛されるのよ！」もし男性が公衆の面前で赤ちゃんを連れて、助けを求めたら、ほとんどの人は可哀想な父親にすぐ手を差し伸べるだろう。赤ちゃんや子どもには、いるだけで人を心地よくさせる何かがある。野球をするために甥を公園に連れて行き、その際に女性をナンパして付き合うようになったという話はみんな聞いたことがあるだろう?

○交換条件

映画『羊たちの沈黙』を観たことがある人なら、多分ジョディ・フォスターが追っている連続殺人鬼の情報を、もう一人の連続殺人鬼であるハンニバル・レクター（アンソニー・ホプキンズ）から引き出そうとするシーンを覚えているだろう。

「クラリス、私が君に手を貸してあげたら、『かわりばんこ』だ。私が言ったら、君が言う。でも、この殺人事件のことではないよ。君自身のことを言うのさ。交換条件だ。やる、それともやらない？」

つまり「何かの代わりに何かを得る」という意味だ。最も典型的な例は、女性をオシャレなレストランに誘う男性だ。交換条件に、彼は女性を家に連れて帰れると思っている。この戦術は、もっと柔らかい場面でも使うことができる。夫に家の仕事をやってもらいたい妻は、頼む前に彼の好物のディナーを作るかもしれない。十代の子どもは、車庫を掃除する代わりに、遅くまで外出するのを許してもらうか、車を貸してもらうのを期待するだろう。私たちのほとんどは、気付かないうちにこの戦術を使っている。心からやってもらいたいと思っていることを人にやらせるための簡単なやり方だ。また、相互関係の法則の例でもある。

◯そこにいるのが当然のように演じよう

映画『ウェディング・クラッシャーズ』の中で、ジェレミー（ヴィンス・ヴォーン）と相棒のジョン（オーウェン・ウィルソン）は、これでもかというほど他人の結婚式に乱入することに成功する。飛び抜けて派手な国務長官の娘の結婚式まで成り済まして出席してしまう。二人は堂々と会場に入り、自己紹介をし、シャンパンを一口飲んで、結婚式に呼ばれたインチキな理由をでっち上げるのに苦労しない。**さもそこにいるのが当然という風に演じるのは、自分の居場所ではない場所に乱入する確実な方法だ。**

呼ばれていない場所に行って何か違法なことをしろと言っているわけではない。ただ、人がどのようにしてこれを成し遂げるのか、観察するのは面白い。私は、建物を偵察する仕事のために、警備員と親し気に話して、そこにいるのが当然という素振りを見せながら、簡単に建物に入り込んだことがある。社会全体が、バッジやＩＤを信じるよう洗脳されている。会社のＩＤカードを見ると、例えそれが陳腐な自作でも、信頼できる人物だと思い込んでしまうのだ。

会場やパーティーに顔を出すことに成功している人たちは、いくつかのスキルを身につけている。まず、見えないところでどれだけ汗をかいていようと、全く自然にふるまい、自信を持った行動を取っている。恐らく、侵入する場所に自然に溶け込めるよう、事前に準備しているはずだ。例えば、オーウェン・ウィルソンが国務長官の娘の結婚式に、安っぽいスーツで現れたら目立っただろう。呼ばれていない場所で、自分の居場所を作るためには、周りを支配しているように見えなければならない。その場所を調べているように周りをキョロキョロ見てはならない。前に何度もそこを訪れたかのように、自然に動く必要がある。

○相手のモチベーションを探ろう

誰にでもモチベーションはある。その人を動かす何かだ。みんな違う興味や趣味があるから、一人一人個性的なのだ。しかし、このモチベーションが利用されることもあるので注意しよう。私は銃が好きで、撃つのも好きだ。私のそういう面を知るのは簡単だろう。だからといって、同じように銃が好きだという人に連れられ、人の少ない銃の店には行かない。危害を加えられるスキが十二分にあるからだ。**人のモチベーションを調べ上げることは、時にソーシャル・エンジニアリングをしやすくすることでもある。**

バーで、男数人が美しいモデルを口説こうとした話を聞いたことがある。一人目は億万長者のビジネスマンだ。彼女に言い寄ったが、すぐにフラれた。二番目の男は有名な映画プロデューサー。こちらも億万長者と同様にすぐにフラれた。一方、三人目の男は太っていて背も低かった。女性の耳元で男は何か囁いているのを、他の二人の男は眺めていた。あっという間に、二人は一緒にバーを出て行った。一時間後、二人はバーに戻ってきて、別れた。ビジネスマンは真相を知りたくて、いてもたってもいられない。背の低い男のところに行き、「彼女になんて言った?」と聞いた。背の低い男は「『俺の家に行って、コカインやらないか』って言っただけさ」と答えた。三人目の男は彼女のモチベーションを当てたのだ。

明らかに、この女性の場合、彼女のモチベーションを探すのはそう難しいことではなかった。

大事なのは、あなたのモチベーションを人に知られないようにすることだ。フェイスブックを利用している人は、個人情報の設定の仕方に気を付けよう。あなたのページを訪れることによって、あなたの「友だち」があなたについて知る情報にも注意しよう。特定の大学を卒業し、特定の業界に属し、ハイキングが好きだと知れば、それらを共有することであなたに気に入られようとするのは簡単なことだ。あなたと同じ興味を持つ人全てが腹黒い企みを持っているとは言わない。ただ、バーで知り合った男性と好きなバンドが一緒で、彼が子どものボランティアを行っているからといって、簡単に自分のガードを下げるのは、やめた方がいいだろう。

年老いた両親が詐欺師のカモにならないために

詐欺のターゲットに高齢者が多いのは事実だ。両親と話をして、クレジットカード会社が口座番号やパスワードを聞き出すために彼らに電話をしたり、メールをしたりしないことをきちんと伝えよう。もしそのような必要があったら、クレジットカード会社が銀行に直接電話して、口座番号を調べるはずだ。高齢者は人を信頼しやすいので、これはよくある問題だ。私は、父に少しでもおかしいと感じることがあったら、すぐに私に電話して話し合うように伝えてある。

第9章

人間嘘発見器になる

嘘を見破り、騙されない

ＣＩＡ諜報員として雇われるまでは、長い道のりだ。心理状態や健康面の試験、身辺調査、色々な書類の通過、そして様々な面接を終えるのに、一年以上かかることもある。私が最も神経を使ったのは、嘘発見器テストだ。私は、シークレットサービスとＣＩＡ両方から仕事をもらっているから、何回も嘘発見器テストを受けている。嘘発見器テストを受ける時、呼吸数、血圧、心拍数、そして皮膚電位（つまり、どれくらい汗をかいているか）を計るために、身体のあちこちにセンサーが付けられる。ワイヤーが何のためのものか分かっていたが、嘘発見器で起きていることは一切見えなかった。シークレットサービスに入るために嘘発見器テストを受けた時は、窓のない白い部屋に入れられたのを覚えている。白い壁は、催眠術のような効果があった。テストを行う係から、数メートル離れた居心地の悪い椅子に座らされた。いくつものワイヤーにつながれる。その時、自分の家族の過去に起こった一つの出来事について考えていたのを覚えている。それがどう嘘発見器テストに影響を及ぼすか心配だったからだ。

ある夏、九歳くらいだったと思う。祖母の地下室を掃除している時に、面白いポスターを見付けた。ロシアの金槌と鎌が描かれたカラフルなそのポスターが、とてもかっこよく思えたのを覚えている。私はそれがほしいと言ったが、寝室に飾るのを父が許さないだろうと母は言った。私の祖母は本格的な共産主義者で、このポスターは共産主義のプロパガンダ用のものだった。ロシアに何度も行ったことのある祖母の弟が、共産党に入るよう祖母を説得したらしい。私の父も、子どもの頃、祖母の共産主義の集まりに連れて行かれたらしい。もっと面白いのが、父のピアノの先生が覆面ＦＢＩ捜査官だったということだ。農夫だった私の祖父は、祖母の共産主義的な思想に全く染まっていなかったものの、度々ＦＢＩ捜査官が祖父の元に現れ、質問していったという。ラッキーなことに、祖母は国家の安全を脅かすような存在には見られていなかったようだ。しかし、シークレットサービスの仕事に応募する際には、自分の家族の共産主義との結びつきが少し気になった。結局、「外国の政府、またはロシア政府と何か関係を持ったことがありますか」という質問には、笑って本当のことを話すことにした。

しかし、これが最初に聞かれる質問ではない。嘘発見器テストを受ける時、まず基準値を決める。状況認識の章で学んだから分かると思うが、基準値はあなたにとっての普通の状態を推し量る線だ。嘘発見器テストでは、基準値を計るために当たり前に答えられる簡単な質問を聞かれる。「名前は？」「どこに住んでいる？」といった具合だ。簡単な質問へのあなたの反応を見てから、もっと難しい質問へと移行するだろう。

ＣＩＡに入るための嘘発見器テストの時は、より難しい質問の段階に入ると、試験官は、脅迫と同情を交互に展開し始める。例えば、一人の試験官に「ドラッグをやったことがあるか」と聞かれる。私はやったことがないから正直にそう言う。すると、もう一人の試験官が「嘘発見器は、ドラッグをやったことがあると言っている。嘘をついているだろう。高校や大学でほとんど皆ドラッグを体験するだろう？」と聞いてくる。相手を極限状態まで追い込み、ドラッグをやったことを認めさせる策略だ。幸いにも、私には真実に執着するという理解力があった。当然、私の嘘発見器テストはあっけなく終わった。追加のテストのために翌日戻るよう言われた課報員もいた。私は、数時間で終えることができた。終わってホッとしたのを覚えている。

課報活動の仕事をしている利点の一つに、歩く人間嘘発見器になれる点がある。これがどれだけ便利か言うまでもないだろう。誰しも、仕事仲間や、従業員、隣人、友人、そして子どもがらみで付き合う人を信用したいと思っている。建設業者と重要なビジネス交渉の最中に、この人が言っていることを信用してはならない、と心の声が教えてくれるかもしれない。相手が真実を言っているだろうという場面で、どうやって自分の心の声を信じればいいだろう？　幸運なことに、見抜けるように自分を訓練できるいくつかの簡単な方法がある。

人間は大嘘つきだ。そのようにできているといっていい。私たちの脳は一秒に数百メートルも動き、まともな嘘をつこうと考える前に、既に嘘をついている。**そして、嘘をついていることを明かす小さなヒントを実は出しているのだ。**

嘘をついている人が、この章で明かす特色を全て出すとは限らないが、そういう特色を知っておくのは大切だ。こういった特色をいくつも表に出している人は、きっと嘘をついている。

高校二年生の時に、嘘つきがどう反応するかを表す典型的な例を、身をもって体験した。高校のアメフトチームでディフェンスのラインバッカーだったボーイフレンドと別れたばかりの女の子とデートしていた時のことだ。このボーイフレンドは激しい性格で、元彼女とデートしている私をよく思っていないのは明らかだった。当時、私は痩せていた（今も、巨漢というわけでもないが）。その男と喧嘩になっていたら、私は簡単にやられていただろう。ある午後、彼女の家にいた時に、その男が通りに車を止めた。彼女はどうしていいか分からなくなった。パニックを起こし、私に洋服ダンスに隠れろ、と言った。ラインバッカーは家に入ると、すぐに事情を説明するよう、彼女に詰め寄った。誰もここにはいないと彼女は言ったが、彼はなりふり構わず家中の扉を開けて回った。私は、彼女の洋服ダンスで小さくなっていたが、彼が洋服ダンスの扉を開ける瞬間がやってきた。もう終わりだと思った。彼は私を見て「やあ、ジェイソン。ここで何をしているのかな？」と聞いた。

嘘を見抜こうとする場合、対面してからの最初の三から五秒が重要だ。これからつこうとしている嘘に追いつこうと、脳が必死に働いているからだ。私が何をしているか、と最初に聞かれた時、私はどもった。その数秒後、私は「学校で好きな子がいて。彼女から助言をもらいに来たのさ。隠れていたのは、誰にも知られたくないし、恥ずかしいから。だから誰にも言わないでくれる？」と嘘をついて、その嘘を取り繕うために、私はとりとめなく捲し立てていた。不思議に思っている人のために言うが、ラインバッカーはこの私のとんでもない話を信じた。

高校二年生の時のガールフレンドにまつわるこの話に出てくる私は、真実を話していない人の典型的な態度を取っている。嘘をつかなければならなかったから、最初の数秒で私はどもった。**隠すこともなく、本当のことを話していたなら、どもることもなかっただろうし、時間がかかることもなく、すぐに返答しただろう。**ラインバッカーが私のデタラメな話を信じてくれたからラッキーだったものの、もし彼が嘘つきの基本的な特徴を知っていたら、私はただでは済まなかっただろう。

人間は大嘘つきだ

基準値を設ける

嘘をついているか見分けるための徴候をリストで渡せたら最高だが、まず基準値を作らないと、これは上手くいかない。ＣＩＡ、あるいはどんな諜報活動の組織でも、あなたをいきなり椅子に座らせ、ワイヤーにつなぎ、唐突に「ドラッグを使ったことはあるか」「外国政府の仕事をしたことがあるか」というような核心はついてこない。まずあなたの基準値を知る必要があるから、あなたについての基本的な情報や、場合によっては「この部屋の絨毯は緑色？」といった簡単な質問から始めるだろう。それらの質問に当然正直に答える私の呼吸、脈、血圧、そして発汗を見て、ＣＩＡの人たちは私の基準値を知る。これを知ることによって、もっと難しい他の質問に答える時に、私が嘘をついているかどうか見破りやすくなるのだ。

人の基準値とは？

相手が嘘をついているかどうか知るためには、相手の日頃の状態を知る必要がある。その人の普段の態度が分からないと、嘘をついている徴候も分からないだろう。「落ち着きがない様子だから」という理由だけで、駐車場に止めてあったあなたの車を傷つけてはいないと主張する相手を嘘つき呼ばわりはできない。あなたの判断は完全に間違っているかもしれないからだ。相手はいつも落ち着きがないのかもしれないし、出会って十秒で相手の基準値を見抜くことはできない。しかしながら、その人の基準値の様子は、次の戦術で、比較的短時間で、そして簡単に引き出すことができる。

戦術一　相手を気持ちよくさせよう

映画やテレビドラマは、刑事か犯罪者が知りたい情報を聞き出すために拷問しているシーンで溢れている。しかし、**実際は、基準値を知りたい人物をなるべく心地よい状態に置いた方がいい。**私だったら、二人でソファにでも座って、コップ一杯の水でも飲むかと聞くだろう。この方が、相手の正確な基準値は手に入れやすい。反対に、気温四十度の炎天下で、汗をかきまくっているような不快な状況で、相手が嘘をついているかどうかなんて読み取れないだろう。相手を十分知っていて、苦手なものを知っていたら、それも避けるだろう。高所恐怖症だと知っている相手にはエンパイア・ステートビルの上で問い詰めないだろうし、犬が怖いという相手の近くに犬を置いて問い詰めたりはしない。

戦術二　相手が既に知っていることを聞こう

相手の基準値の態度を知りたい場合は、答えを知っていると思われる質問をするといい。相手が嘘をつく必要のない簡単な質問をいくつか考えよう。例えば、仕事場の同僚が前に百貨店のメイシーズで働いていたことを知っていたとする。単純に同僚に「メイシーズで働いていたらしいね。どうだった?」と聞いてみよう。**当たりさわりのない質問に嘘をつく必要もないだろうから、本当のことを話している時の反応を知ることができるだろう。**

戦術三　注意深く相手を見よう

こういった無害な質問に答えている間、変わった癖や態度を見逃さないために、注意深く相手を観察しよう。そして、答えている間の相手の様子を心の中に留めておこう。戦術一と二を行っている間、相手の態度を注意深く観察しよう。次に、人が表に出す基本的な癖をいくつか挙げてみよう。

・足を踏み鳴らす
・髪を払う
・爪を噛む
・変わった表情
・視線を下に向ける
・ため息をつく
・咳払いをする
・服をいじる（ネクタイや襟、そでを直すなど）

嘘をついていない時の態度が分かれば、嘘をついた時の態度の変化に気付きやすくなる。

嘘をついている時の態度

相手を観察する時間をいくらか設け、相手の基準値における態度も少し分かったところで、今度はあなたが嘘だと疑う事柄に直接関係する質問を投げかける番だ。しかし、恐らく相手は、この章に記された全ての態度を示すわけではない。相手がこの中に当てはまる態度の一つを取ったからといって、嘘をついているわけではない。これらの態度を総合的に見てほしい。相手は、これらのサインのいくつかを発信しているだろうか。さらに、**それがその人の基準値から外れているものであれば、相手は嘘をついている可能性が高いといえるだろう。**

最初の三から五秒

前述したが、もし相手が嘘をついている場合は、嘘と関係する質問をされた三から五秒以内に、何らかのあからさまなサインを出すだろう。どもり始めるかもしれないし、正確に話せないかもしれない。質問に答えようとしながら、詳細を話すところでつまずくかもしれない。これは、結果的につくハメになる嘘を作り上げるために脳が時間を要しているためだ。従業員に、「レジからお金を盗ったのは誰か知っているか」と問いただす場合は、最初の三から五秒間に相手がどんな反応をするか、注意を払うことが重要だ。

遠回しな返答

後ろめたい人は、率直に話さない。やましいことのある人は、あなたがなぜ自分を信じるべきか理由を並べるだろう。これまでの自分の素晴らしい行いについて述べるかもしれない。イーグルスカウトだった頃のことや、ホームレスのボランティアをやっている話をするかもしれない。イーグルスカウトやボランティアは立派だが、真実の代わりにはならない。**正直な人は、いい行いを並べ立てて自分の誠実を証明するより、率直にあなたの質問に答えるはずだ。**

宗教

イーグルスカウトだから正直者であるとは限らないのと同じで、宗教心が強いからといって正直者であるとは限らない。宗教的な理由から自分が信用できる人間だと説得しようとする人は、実は珍しくない。ＡＢＣのテレビ番組『シャーク・タンク』のデイモンド・ジョンと契約を結んだ私は、契約を結ぼうと色々な人から接触された。ある事案では、相談中の契約についていくつか数字を見せてほしいと私はお願いした。しかし、相手は頼んだものを見せないで、「ジエイソン、僕はクリスチャンだよ。信用できるよ」と私に言い続けた。これは明らかに警戒の赤い旗印だった。正直者だったら、単純に私が見せてと頼んだものを見せてくれただろう。

私はモルモン教徒だ。『シャーク・タンク』の契約時、ジョンは、私のビジネスにまつわる数字が正確かどうか確かめるために、私の税金の所得申告や帳簿を見たがった。それに対して、「デイモンド、私はモルモン教徒だよ。帳簿など見る必要はない。私は信頼できる人間だ」と私が言っていたら、おかしいだろう。相手がどんな宗教を信じていようが関係ない。パートナーにこれからなるかもしれない人が、あなたの帳簿を見たいと言ったら、そしてあなたが正直者だったら、答えは一つ「もちろん！」だ。

足

多くの人は、顔を見れば嘘を見破ることができると思っている。突然浮かぶ表情や口や目の動きが、嘘をついていることを確実にばらすだろうと。**実は顔よりも足の方が多くのことを語ってくれる。**座っている相手に決定的な質問を投げかけた時に、相手が足をジタバタと揺すったら嘘をついている可能性がある。足をじっとさせていたのに、なくなったお金について問いただした瞬間に、足を動かしたり揺すったりしたら、嘘をついている可能性が高いということだ。

他の状況でも、足はヒントを与えてくれる。**足は普通行きたい方向に向いているものだ。**例えば、パーティーで知り合った人と話していて、その人の足がドアの方に向いていたら、相手はパーティーを抜け出そうと心のどこかで思っている可能性が高い。税関の事務官も足を見るよう訓練を受けている。空港で税関を通過しようとしている正直な人は、足を事務官の方に真っすぐ向けて立つ。誠実な人は、罪の意識があるように、あるいは何かを隠しているようには見えない。税関の事務官と話している間、相手の足が真っすぐ事務官の方に向いていなかったら、事務官はその人が嘘をついている可能性があると疑うだろう。税関を通過する時、麻薬を持ち込もうとしている人や、他にも何か隠し持っている人の足は、一番近い出口を向いているだろう。

足は、顔以上に多くのことを明かす

固まる

固まる動作は、亀が甲羅に身を隠すのに似ている。**罪の意識がある人は、動きが少なくなって、固まることがよくある。**嘘をついている人が発信する、最も大きいサインの一つといってもいい。よく飛行機に乗る私は、ある時、鼻につくきつい臭いに気付いた。飛行機の中の誰かが、オナラをしたのは明らかだった。私は一体どこからこんな臭いがきたのかといった表情で周りを見渡した。皆私と同じように思っていたようで、見渡していた。左の前列に座っている男以外は…。他の人が周りを見渡している間（普通だったら皆そうすると思う）、彼は固まったまま、ただ座っていた。この男は全く動いていなかった。犯人であることは明らかだった。

凝視

目は、人が嘘をついていることを表すサインにはなり得るが、必ずしもそうとは限らない。嘘をついている人は下を向くだろうと思っている人は多いが、人が下を向く理由は他にもたくさんある。新しい仕事を始めたばかりの時に、会社の社長に呼ばれ、机の上に置いてあったはずなのになくなった書類について問い詰められたら、上の立場からくる威圧感で自動的に下を向いてしまうかもしれない。怖じ気づくような場面だし、下を向いてしまうのはむしろごく自然なことだろう。**逆に、嘘をついている人間は、問い詰めている人をじっと凝視する可能性が高い。**嘘つきは、相手をじっと緊張感を持って見つめることによって、自分の無実を証明しようとするのだ。真実だと説得しようと頑張ってしまうあまり、ごく普通の態度を取ることを忘れてしまうのだ。

まだCIAにいた頃、プライベート旅行のために海外を旅した時があった。CIA課報員が遊びや個人的な理由で海外を旅する場合は、外国の税関を通過する時にCIA課報員という身分をもちろん伏せておかなければならない。税関のカウンターに行くと、事務官はとびっきりの笑顔を私に向け、山ほど質問をしてくる。シナリオはちゃんと考えてある。仕事について聞かれた時は、「ワシントンDC周辺の博物館で働いている。人に道順を教えたり、周りを案内したりする警備の仕事だ」と言っている。この話をする間、相手を見つめすぎないよう十分に気を付け、時折視線を外す。私の話に疑いを持たないように、時々下を向くのも忘れない。結果的に、上手くいくのだ。

過剰反応

嘘をついている人は、相手と対面すると、異常な過剰反応を示す傾向がある。目的は、相手を負かすことだ。それによって、そもそもそんな質問をしたこと事態、おかしいと相手に思わせる企みだ。過剰反応によって、相手に二度と質問をしたくなくなるような状況を作り上げるのだ。例えば、私はよく夫の浮気のことで相談される。ある女性に、夫の携帯電話で浮気をしている証拠を見つけたが、どうやってそれを証明したらいいか聞かれた。しかし、そう言いながらも、彼女は二人の結婚は順調だから、夫が浮気しているはずがないとも主張した。私は、夫と向き合って、見つけた証拠を突きつけ、反応を見るようにアドバイスした。翌日、彼女は私に電話してきて、嬉しそうにやはり夫は浮気していなかったと話した。彼女によると、夫は妻の責め立てに逆上したらしい。自分を信用していない妻にがっかりしたのだと。残念ながら、これは実のところ明らかな警戒の赤旗印だ。もし浮気していなく、それでも妻に浮気を疑われたら、自制心を失うようなことはないだろう。浮気していなかったら、そこまで怒って、怒鳴って、毒づいて、冷静さを失う必要などないのだ。その後、この女性は夫が浮気している決定的な証拠をつかんだ。今日まで、彼女は私がこのことを見抜いたことに驚いている。**質問をした時に、もしこのよう**

に過剰な反応を取る人がいたら、それはその人が嘘をついている合図かもしれないということを忘れないでほしい。

軽い罪を望む者

罪の意識のある人が、軽い刑罰を望む傾向が強いのは当たり前のことだろう。だから、**罪を犯した可能性のある人物に、「自分だったらどんな罰を望むか」と聞くのは効果的だ。**無罪の人たちは、その罪に対して相応の、あるいは重い罰を要求する。仕事場で盗みを犯した事件には、クビか逮捕して監獄行きが妥当と主張するだろう。最近、あるレストランで四千ドル盗まれた。何が起こったのか調査を進める中で、警察は従業員全てにアンケートを配ったらしい。その中で、四千ドルを盗んだ犯人をどうしたらいいと思うかと聞いてみた。長く勤めている従業員の中に、「人は皆間違いを犯す。二度とやらないよう、注意すべきだ」というような内容のことを書いた人がいた。この文章を罪の意識が強い証拠と捉えた警察は、この人物を調べ上げた結果、自供したという。

返答の拒絶

前にも述べたが、嘘つきはあなたの質問に直接答えないだろう。罪の意識をそらしたいがために、質問に答えるのを全力で避けようとする。私の二歳の娘は、キャベツ畑人形が大好きだが、妻は彼女がそれを抱いて寝るのを嫌う。人形と遊んでしまうから寝られなくなるというのだ。ある晩、人形と楽しく遊んでいた娘を寝かしつけるために、私は彼女から人形を取り上げなければならなかった。奪った瞬間、彼女は大声で叫び、悲鳴をあげた。どうしたかって？　一日中働いて疲れていたし、自分も寝たかったので娘に返した。すぐに疑いを持った妻は、人形を娘に返したかどうか私に聞いてきた。答える代わりに、私は「何だって？」と瞬時に聞き返した。私の遠回しな返答は、私が嘘をついていて、叫ぶ娘に人形を返した何よりの証拠となった（もっとも、妻の質問に答える私も冗談半分で、妻もそれを承知していたが…）。**嘘をついていると疑っている人が質問を質問で返してきたら、あるいは返答するのを全く拒絶したら、それは嘘をついているもう一つの証しということができよう。**

首を振る

見抜くのは少し難しいが、話しながら首を振る人がいたら嘘をついているかもしれない。要するに、質問をした時にその人が正直に答えている場合は、口から言葉が出る前に、首が動くのだ。

しかし、相手が喋り出した後に、首が肯定か否定の動作を示していたら、嘘の可能性がある。人気のトークショー『嘘つきの見破り方』で、パメラ・メイヤーは、元大統領候補のジョン・

エドワーズへのインタビューでこのことを立証している。インタビュー内容は、浮気相手との間に生まれた子どもの父親になるというようなものだった。エドワーズはインタビュアーに、喜んで実父確定検査を受けると話しているが、インタビューの間中、ずっとエドワーズは微かに首を否定的に横に振っていることをメイヤーは指摘する。口から出る言葉は、頭の動きと全く合っていなかった。見極めるのは難しいが、これはエドワーズが正直に話していない証拠といえるのだ。

第10章

痕跡を残さず社会から姿を消す

危険から逃れる最後の手段

状況認識力

SPY SECRETS That Can Save Your Life

A Former CIA Officer Reveals Safety and Survival Techniques to Keep You and Your Family Protected by Jason Hanson

ミシェル・クレーマーは、起きた時に夫がいないことを知ると心配になった。シカゴ周辺で外科医を営み成功していた夫マークは、ランニングをしに出かけただけだと最初妻は思ったが、最近、夫の様子が変なことに気付いていた。いくつかの医療ミスの裁判で疲れ切っていた。もっとシンプルな生活をするためにヨーロッパに移り住まないかと提案もしてきた。だから、失踪した時もギリシャのヨットの上で寝泊りしていた。マークがヨットに戻らなかった時、ミシェルは彼が故意に消えたのではないかと疑った。刺激的な恋愛を経て、二人は贅沢な生活を満喫していた。自家用飛行機に乗って、ギリシャやイタリアでのバケーションも楽しんだ。

自宅に戻ったミシェルは、今まで作り上げてきた生活が、夫とともに消え去ってしまったことに気が付いた。銀行口座に、残高は全くなかった。その上、手っ取り早く稼ぐために、大勢の患者に手術をした結果、医療ミスで三百件以上も訴えられており、六百万ドルも借金があった。その五年後、缶詰の食料品、洋服、そしてサバイバル用品とともにマークはアルプス最高峰のモンブランで発見される。近くのイタリアのアパートの家賃を滞納して捕まったようだ。不思議なことに、マークは本名でこのアパートを借りていた。家主は、家賃を払わないマークにしびれを切らし、警察に訴えたという。自分の作り上げた問題と向き合うより、姿を消すことを選んだマーク・クレーマーだが、残念ながら世の中にはこの地球上から存在そのものを消してしまいたいと思う人もいる。念入りな計画と、それを実行に移す強い信念があれば、消えて見つからない方法はある。もちろん、私はこれを実行に移すことをお勧めしないが、その方法についてよく聞かれるので、ここに明かそう。

基本事項

失踪は可能ではあるが、複雑で、ストレスが多く、細部まで行き届いた準備が必要だ。地球上から永久に姿を消すしか生き残る方法がないと思うなら、精神的に負荷が大きく、論理的にも困難だが、長期に渡って姿を消すという方法を考えなければならない。**私は失踪を本当に最後の手段だと思っている。**接近禁止命令や警察の保護といった他の手段でいい結果が出なかった場合のみ、考慮すべきだ。今から教える情報は、どちらかというと「やってみよう」というより、「こんな方法があるのか」といった感覚で捉えてもらえればと思う。言うまでもないが、軽い気持ちで考えている人も、行動に移す前に特に次のことについてよく考えよう。

○資産

失踪するとしたら、現金がたくさん必要だ。失踪するということは、家賃、食料、衣料や他にも必要なものを全て現金のみで支払わなければならない。二度とクレジットカードを使うことはないだろう。

○家族、そして友だち

失踪したら、友人や家族は当然落ち込み、心配するだろう。近い家族の一員と限られた連絡は取り合えるだろうが、それは最低限で複雑な手段のものになるだろう。

○法的処置

どこに住んでいるか、またあなたの借金やあなたにかけられた保険金請求にもよるが、失踪することが違法の場合もある。

○一人で失踪する

一人で失踪できない場合はより難しくなる。愛する者と失踪することは、非常に困難だ。人と一緒に失踪すれば、見つかるのも時間の問題となるだろう。

○敵は誰?

前にも述べたが、**失踪は最後の手段であるべきだ。失踪しないと生き残れないという場合以外、実行に移すべきではない。**乱暴な恋人や結婚相手から逃れる場合は、相手の資産を考慮に入れよう。相手はどのくらい真剣にあなたを探すだろうか。また、政府から逃れようとしている場合は全く別の話だ。政府は、追跡するために出費を惜しまない無制限の銀行口座を持っている。その上、政府から逃げるということは、ほとんどの人が持ち合わせていない鍛錬が必要となってくる。

失踪に必要な三つのプロセス

想像できるように、今ほど消えるのが難しい時代はない。あらゆるところに私たちの痕跡がある。携帯電話は、どんな時でも私たちの居所をピタリと当てるし、クレジットカードや銀行口座、社会保障番号やソーシャル・メディアのアカウントなど、他にも私たちの居所をすぐに突き止めてしまうものは、無限大にある。CBSニュースによると、どんな時でも二百台の監視カメラがあなたを見ている可能性がある。監視カメラは銀行、あらゆる街角、球技場、国の記念建造物、それに公園にも設置されていて、避けるのは無理に等しい。そのため、失踪するためには、細部まで守りながら次に述べる手順を、踏むことが重要となる。

ステップ1　デマを流す

簡単に聞こえるだろうが、実は時間がかかる作業で正確に行う必要がある。デマを流すということは、様々な企業があなたについて保有している情報を故意に操作することを意味する。財布の中にあるどのクレジットカードも、メンバーズカードも、マイレージカードも、あなたについての情報が含まれている。あなたが買物をする度に、クレジットカード会社は、それをリストに加えている。携帯電話や家の電話で電話をかける度に、通話も記録されている。これまでひと目につかない控えめな生活を送ってきたと思っているかもしれないが、携帯を持たないで、生活を全て現金でまかなっていない限り、あなたについての情報は入手可能だ。

デマを流すことを始める前に、まず開いている口座に小さな変化を加えよう。この部分は、たった数時間で簡単にできるだろう。手始めに、混乱を招く目的で一つ一つの口座やメンバーになっている団体に電話して、自分に関する情報を変更するのだ。情報を劇的に変える必要はない（ステップ2でその理由が分かるだろう）。例えば、銀行に電話して住居を変更したと伝え、カード会社に電話して電話番号を一桁変える。予約購読から公共料金、マイレージのカード、そしてジムの会員証に至るまで、開いている全ての銀行口座とメンバーになっている全ての団体に同じことを行う。

同時に、日常生活でもデマを流し始めよう。例えば、クリーニング店に寄ったら、ハワイに引っ越すから使用をやめることを伝えよう。床屋に行ったら、フロリダに移ると話せばいい。そして、次にフェイスブックを更新する際は、アラバマに移住することになったなどと情報を流そう。**要するに、誰もあなたの本当の行き先が分からないように、いくつかのデマを流すことだ。そうすると、突然あなたは見つけるのが難しい存在となる。**

○あなたを探すであろうスキップ・トレーサー対策

スキップ・トレーサーは、失踪した人を捜すプロの捜索人だ。借金取りとバウンティ・ハンター（賞金目当てで犯人を捕まえる人）と私立探偵の間のような人間だ。元夫がどうしてもあなたを捜し当てたかったら、こういう人を雇うかもしれない。あるいは、あなたが誰かから大金を借りたまま街を出たら、相手はこういう人を使って捜させるかもしれない。中には、非常に腕のいいプロもいるが、基本となる技術的なノウハウと忍耐力さえあれば、誰でもできるだろう。まず、捜している人についてなるべくたくさんの情報を集めるところから始める。その情報を分析、検証して、その人がいる場所のヒントを探る。情報が錯綜していると、どれが正しいか見極める必要が出てくる。

また、捜索人は、他の人から情報を引き出すために色々な戦術を駆使する。テキサス出身の身長一メートル五十センチ、体重四十五キロの小柄なミシェル・ゴメズは、世界の中でも最もこの仕事に長けている女性として知られる。彼女が手がけた仕事に、ペルー人が盗んだキャタピラー社の建設機械数台を見つけ出すというものがあった。それを彼女はどうやって実現したか。まず、盗んだ家族の家長を捜し当てることから始めた。家長の妻に電話をし、夫の子どもを身籠っていると伝えたらしい。作戦は成功し、ほしい情報が手に入った。さらに、捜索人は、プリテキスティングでなりすまし術も使う。プリテキスティングは、誰かについて情報を得るためになりすます、ソーシャル・エンジニアリング手法であることを思い出してほしい。捜索人は、あなたのフリをして銀行に電話をするだろう。そして、「今月、口座明細を受け取らなかったけど、この住所に送ったかどうか確認を取ってもらえない？」といったことを聞くかもしれない。すると、銀行員は、「いいえ。私たちが送ったのは、シカモア通り一二三番です」と答えるだろう。特に女性が行うプリテキスティングは要注意だ。社会は、女性に情報を明かしやすいようにできている。男性が電話してきて、電話番号を聞いても警戒して教えないだろう。しかし、女性だと違う。

前に、私は新聞記者から情報がほしい時、私が聞き出そうとしても難しいだろうと思い、魅力的な女性の友人に助けを求めた。その結果、彼女は必要とする情報を得るのに成功しただけでなく、デートにも誘われた（その新聞記者は既婚男性だったので、女性は断ったらしいが）。女性に対してどれだけ私たちはガードを緩めるか、お分かり頂けただろうか。

ステップ2　虚偽情報を流す

捜索人から逃れるためには、虚偽情報を流すことが肝心だ。虚偽情報の目的は、人を操作することだ。何が真実か、どの情報が正しいのかと、相手に疑問を抱かせたい。要するに、行方不明者を捜す人を振り回したければ、虚偽情報の痕跡をたくさん作ればいい。そうすれば、一つ一つの痕跡を辿らなければならなくなるから。そして、その中のどれ一つも、あなたにつながっていないことが理想だ。**確実に消えるためのゴールは、自分や自分が向かおうとしている場所に関する虚偽情報を、あちこちにばらまくことだ。**

○新しい街を探検する

現在、ミルウォーキーに住んでいて失踪したいと思っているなら、アリゾナに行くような印象を周囲に与えよう。どうやってこれを成し遂げるかって？　本当にアリゾナに移り住むかのように、そこに向かうことだ。アパートや家も見て回り、賃貸契約を結ぶそぶりを見せよう。捜索人が、「クレジットカードはアリゾナの不動産会社に照合されていました」と元夫やあなたを捜している人に報告してもらうのが目的だ。郵便ボックスを借りて、荷物や手紙を受け取るのもいいし、実際に住むところを借りるのもいいだろう（かなりお金がかかるが）。要するに、新しい街で本当にそこに引っ越したという、説得力のある痕跡を残したいのだ。ご存知の通り、虚偽情報を流す行為は、大変な労力がいる。その街に行って、本当にその街に住もうと思っている人と同じことをしなければならないからだ。

ステップ3　改革

既にお分かりだと思うが、ミルウォーキーにいる元夫から逃れるために、本当にアリゾナに引っ越したりはしない。アリゾナで郵便ボックスを借り、不動産屋でクレジットカードの情報を残しておきながら、実際は全く違う都市に移るのだ。フェニックスに移り住むフリをしながら、本当はフィラデルフィアに行くといった例もそう。どうやってそこに辿り着くかって？　飛行機のような痕跡が残る交通手段は避けよう。バスや電車を使ってぶらぶら到着点に向かうのがいい。シカゴに止まり、ピッツバーグに止まり、あるいはニューヨークに寄ってから、西のフィラデルフィア方面に向かうのはいかがだろう。

○お金

十六年間身を隠していた悪名高い犯罪王のホワイティー・バルジャーは、キャサリン・グレイグとシェアしていたカリフォルニア州サンタモニカにあるマンションの壁に、八十二万二千百九十八ドルもの現金を隠していたという。一見、無害なリタイアしたカップルのように見えたが、マンションの月々の家賃を現金で払っていたらしい。家主は何も疑わなかった。言うまでもないが、失踪中は全て現金で支払うべきである。**非常に難しいことだが、姿を消したければ、クレジットカードやIDカード、そして社会保険番号などのない生活を考えなければならない。**以前は、プリペイドのクレジットカードを使えたが、今アメリカ政府は何でも追跡してしまう。だから、痕跡を残したくなかったら、現金しかない。追加でお金が必要になったら、こぢんまりした店や、建築現場といった場所で、こっそりとできる仕事を探そう。

○大統領と同じで、二度と運転はできないだろう

コメディアンで女優のエレン・デジェネレスが、ビル・クリントン元大統領に、普段の生活で一番やりたいことは何かと聞いたところ、即答で「運転」と答えたらしい。GM社の工場で、シボレー・ボルトを三メートルほど運転したオバマ大統領も、「楽しかった」と嬉しそうだった。どちらの大統領もゴルフ・カートを運転するのが好きらしい。車の運転は、みんな当たり前のように楽しめる自由な楽しみだ。私たちは、もう二度と運転できないと考えることもなく、毎日運転を楽しんでいる。失踪するのであれば、運転に別れを告げて、公共の交通手段か徒歩でほしいものが全て手に入る場所に住まなければならない。警察に車を路肩に寄せるよう命じられることを考えると、運転はリスクが大きすぎる。警察に捕まれば、基本的に見つかったのと同じだ。

五年間隠れていた指名手配中の犯人も、飲酒運転で車を寄せるよう警察に言われ、御用となった。ラスベガス警察に逮捕されたこの男は、百万ドルにも及ぶマルチ商法で指名手配中だった。**運転は、確実に見つかる。**交通違反や小さな事故で、警察に捕まるのは、あまりに容易だ。

○趣味趣向を変える

趣味は、私たちが思っている以上にその人のことを語る。例えば、私が銃マニアであることは、簡単に判明してしまう。もし私が失踪した場合、捜索人が最初に探しに行く場所は、きっと射撃練習場や地元の銃売り場だろうから、そういう場所には行けない。犯罪王のホワイティー・バルジャーの場合は、動物好きにヒントを得て、関係者は地域の獣医をあたったらしい。

あなたを知っている人は、きっとあなたの興味を知っているだろう。だから、失踪するためには、最も好きな趣味を諦めないといけない。あなたが毎日ヨガに通うのを知っている元彼は、ヨガ・スタジオを手当たり次第あたるだろう。生活を変える上で最も難しいのは、実はこれかもしれない。真の意味でまるっきり違う人間にならなければいけないのだから。**前の生活で夢中になっていた趣味に手を出せば、あなたを捜している人に自分の居場所のヒントを与えてしまう**ことを覚えておこう。

コミュニケーションは難しいが、不可能ではない

○プリペイドの携帯電話

このご時世、普通の携帯電話を持っている人の居場所を突き止めるのは簡単だ。もちろん、失踪するのであれば、スマートフォンは捨ててしまおう。自分にどのくらいの脅威が及んでいるかにもよるが、それでも家族と最低限の連絡を取る方法はある。経済力のある元夫や恋人から逃げている場合は、二度と携帯電話に触ったり、家族と話しをしたりするべきではないと思う。

一方、**もし脅威がそこまで大きくない場合は、プリペイドの携帯電話を使ってもいいだろう。**プリペイドの携帯電話は、簡単に手に入る便利な機器だ。要は、現金でプリペイドの携帯電話と数分貯まったカードを購入すればいい。これらは、典型的な大規模小売店ならどこでも買える。単純にカウンターに持って行って、起動して、分数を設定してもらおう。しかし、レジの人が、電話にEメールや電話番号を取り込みたいかと聞いてきたら、答えはノーだ。電話が起動されたら、家族に安全に電話することができる。私だったら、安全性を強化するために、定期的に古い携帯電話を捨て、新しいものと交換するだろう。

◯ブレイクフォン

マフィアやメキシコの麻薬カルテル、あるいはあなたを傷つけようとしている元夫から逃げようとしている場合は、二度と携帯電話を触ってはならない。しかし、脅威が大きいにも関わらず、誰かとどうしても連絡を取りたい場合は、携帯電話の使用法をもう一段階上にレベルアップしよう。**ブレイクフォンは、三台の携帯電話を使って、安全に通話する方法だ。**必要となるのは、三台のプリペイドの携帯電話。次のように行う。

①店に行って、現金で一台のプリペイドの携帯電話を購入し、起動してもらおう。
②違う店に行って、二台目のプリペイドの携帯電話を買おう。
③三店舗目に行って、三台目のプリペイドの携帯電話を買おう。これで、三台の携帯電話がそろった。
④一台目の携帯電話（携帯電話①）を、どうしても連絡を取りたい友人か家族のメンバーに渡そう。電話がかけられるように、電話番号を控えておこう。
⑤二台目の携帯電話（携帯電話②）を、携帯電話①に自動的に転送するよう設定しよう。要するに、誰かが携帯電話②に電話をかけたら、すぐに家族に渡した携帯電話①に転送される仕組みだ。携帯電話②で転送の設定ができたら、携帯電話②は壊そう。粉々になるまで叩き、

川に投げ捨てよう。

⑥携帯電話③を使って携帯電話②にかけると、それが自動的に携帯電話①につながる。少し複雑だが、要は誰も追跡ができないように、間に仲介を立てるやり方だ（国家安全保障局でさえも追跡できない）。ただ、覚えておいてほしい。あなたしかかけられない。相手はかけてはならない。携帯電話は、少なくとも一か月に一回、頻繁に入れ替える必要があるだろう。

これは、ハイレベルで本格的な方法だから、これが必要でないことを願っている。

○コンピューターとソーシャル・メディア

ソーシャル・メディアの類いは一切使ってはならないことは、言わなくてもいいだろう。行方不明者を捜し出すプロであるミシェル・ゴメズが『ワイアード』誌に語ったところによると、逃げる人たちはなるべくデジタルの世界で自分たちの痕跡を残さないよう必死だという。つまり、移住前に、デマを流す以外は、フェイスブックやコンピューターは基本使わないということだ。

○消えるEメール

失踪するなら、コンピューターは使ってはならない。しかし、それほど危険が及んでいない場合は、消えるＥメールアドレスを使ってＥメールを送る方法がある。「ゲリラメール」というサイトは、捨てることができるＥメールアドレスを提供している。サイトに登録する必要もない。あなたのために作ったＥメールアドレスは、メールを送ってから一時間以内で消える仕組みだ。

変装して過ごす――透明人間になる方法

二〇〇三年四月に、カリフォルニア州ラホヤで、サンディエゴ警察によってスコット・ピーターソンが逮捕された時、その外見は違うものだった。髪とあごひげを脱色していた。しかし、変装ではなく友人のプールの塩素のせいだとピーターソンは主張したらしい（もっと怪しかったのは、逮捕時のピーターソンの持ち物で、千ドル、携帯電話四台、家族のクレジットカード、キャンプ用品とサバイバル道具、そして兄の運転免許証だった）。ピーターソンの変装は最悪だ。本人が特定できる範囲のものだったし、普段の髪の色よりも脱色してさらに目につきやすくなっていた。**変装の目的は、人混みでも目立たないように面白味も特徴もなくすことなのだから。**

髪の色を変えるだけでは不十分

いい変装は、その人を識別できなくするだけでは足りない。財布の中身からコートのポケットまで、持っているもの全てがあなたの新しい人格に合っているような包括的なものでなければならない。**また、効果的な変装は、人にあなたを気付かなくさせるものだ。**ホワイティー・バルジャーとキャサリン・クレイグは、ただの「感じのいいカップル」として知られていた。住んでいた共同住宅の住人によると、カップルは海岸や公園に散歩に行き、捨て猫の面倒を見ていたらしい。何も珍しいことではない。あまりに普通の光景だから、透明人間になれてしまうのだ。失踪してから、新しい人格としてやっていくためには、このようでありたい。どんな仕事や人格が移住先の景色に溶け込むだろうか。庭仕事をやる近所の主婦？　ゴミ収集人？　あるいは、地元のレストランのウエイター？　気付かれない、そして印象を残さないような人物像を作り上げるのが理想だ。

ハリウッドの敏腕プロデューサーになったつもりで

古今東西、最も有名な変装は、元ＣＩＡ課報員のトニー・メンデス（後に映画『アルゴ』でベン・アフレックによって演じられた）によって成し遂げられたものだろう。十四年間ＣＩＡのテクニカル・サービス部門で働いていたメンデスは、イランで起こったカナダ大使館の人質事件で六人のアメリカ人を救出するという任務を任された。メンデスは、「正体を変える」方法を駆使して、難しい状況から人を救出させるという特技を持ち合わせた専門家だ。レーダーをくぐってアメリカ人たちを助けるためにどんな戦術を使おうかとメンデスは考えた。そこで、アメリカ人たちに偽の人格になりきってもらい、飛行場を通過して、そのまま飛行機に乗ってもらう案を思いついた。アメリカ人を先生に見立てたり、作物を調査する栄養士に変装させたりといったいくつかのシナリオを検証した結果、唯一成功するかもしれない作戦はかなり常軌を逸しているものだった。メンデスは、ハリウッドの人脈を辿って、「スタジオ6プロダクション」を立ち上げた。当時、スタジオ6の「6」がまさに命を助けようとしている六人のアメリカ人のことを指していることなど、直接計画に関与している人以外、誰も気付かなかった。メンデスは、六人のアメリカ人を、イランにロケの下見に来ている人たちに見立てる計画を立てた。

本物のように見えなければならない計画は、細部まで検証された。舞台がイランを思わせる脚本も用意された。名刺も作られ、メンバー一人一人の経歴まで作られた。ハリウッドで借りたスタジオの事務所には、CIA用に限った登録されていない回線を含め、たくさんの電話回線が引かれた。また、雑誌『バラエティー』に広告を掲載した。スタジオ6プロダクションの元には、脚本や俳優の顔写真が届くようになり、いつ『アルゴ』は撮影されるのかといった問い合わせもくるようになった。また、メンデスの補佐役をしていたプロデューサーの一人ボブ・サイデルは、スタジオ6プロダクションが製作するべき他の映画についても、プロデューサーたちの意見を聞くために、ミーティングに出かけたりした。

そして、とうとうイラン入りしたメンデスは、アメリカ人たちに計画を告げ、新しいカナダ人の人格を与えた。メンデスは、カナダ大使館と協力して本物のパスポートと健康保険証を用意した。さらに、運転免許証や様々な買い物の偽のレシートも配られた。カナダ国旗のピンバッチも用意された。アメリカ人たちは段取りを覚え、自分たちの役のリハーサルを行った。「脚本家のテレサ・ハリス」という人格になり切った国務省の外務局職員のコーラ・ライジェックは、飛行場に向かう車の中で、本名を明かすものがまだポケットに入っていないか再度確認した。飛行場で恐怖の待ち時間を味わった後、無事飛行機に乗ることができた一行は、ブラディ・マリーで乾杯したという。そして、スタジオ6プロダクションの登録されていない回線が鳴り、アメリカ人たちが脱出に成功したことを告げた。

ドラマに満ちている『アルゴ』の話だが、この中には、逃げ切るか見つかってしまうかを大きく隔てる変装の基本があることに気付くだろう。

誰になろうとしているか知ろう

失踪するなら、変装は髪の色や洋服だけでは足りない。自分の人格も変えないといけない。

新しい人格を考える上で大事なのは、例え今の自分とは違っていても、実行可能なものの中から選ぶことだ。シェフとしてやり通すことは何とか可能かしれないが、脳外科医を選択するのはよく考えてからにしよう。弁護士なら、それに近い職種を選べばいい。また、配管工として通したいなら、配管工として要求されるものや、日常的に持ち歩くものを知らないならやめておいた方がいい。メンデスはハリウッドで偽の制作会社を立ち上げる前に、業界で知っていたそれ相応の人たちに会って情報を収集している。また、六人のアメリカ人たちが、制作会社内の各々の仕事を十分理解するよう念には念を入れた。**あなたも、リサーチはきちんとしよう。**

基準値を探ろう

ここまで読んだら、どれだけ周辺に溶け込むことが大事か分かって頂けただろう。**変装を完全にするためには、住む環境に馴染むものを選ばなければならない。**カウボーイハットはテキサス州ダラスでは目立たないかもしれないが、シカゴではこれでもかというくらい目立つだろう。周りを見て、人々が着ているものを把握しよう。変に目立つものを選んでいないか気を付けよう。ラスベガスで行う「スパイ・エスケープ&イヴェージョン」の授業では、面白い訓練をする。ウィン・ラスベガスのような高級ホテルで着ている服をチェックし、さらにリビエラのようなもっと安いホテルのものもチェックして、比較するのだ。リビエラのビュッフェでは、ジーンズとスニーカー、そしてスウェット姿の人もいる。しかし、VIPが集うウィンのナイトクラブのパーティーには、同じ恰好では出席できないだろう。小物もよく観察しよう。女性たちはどんなハンドバッグを持っているだろうか。みんなどんなコートを着ているか。フリース？　レインコート？　それとも、トレンチコート？　靴に気を配ることもお忘れなく。靴が変装に大きな役割を占めることは忘れがちだ。住んでいる地域で誰もハイヒールを履いていないようだったら、買い物にハイヒールを履いて行くような真似はやめた方がいい。

最も気付かれる特徴を隠す

姿を消そうと思っている人は、大学時代に入れたタトゥーを今頃後悔するかもしれない。他にも、目立つ特徴は変える必要がある。タトゥーは隠す必要があるし、場合によっては歯の矯正も必要だろう。ハゲていたら、説得力のあるカツラがいるだろう。もしカッコいい眼鏡で知られているなら、それを諦めてコンタクトレンズにすることを考えよう。外見と強く結びつく身体的な特徴は誰もが持っているだろう。あなたの特徴を注意深く観察し、目立たないよう工夫しよう。

特徴を変える

○髪

俳優が髪を切って、イメージをガラッと変える映画は無数にある。映画『愛がこわれるとき』の中でジュリア・ロバーツは、金色の巻き毛をバッサリと切って暴力的な夫から逃げる役を演じた。ベストセラー本『ゴーン・ガール』の映画版では、主人公のエイミー・ダンが髪を染め、顎の長さに切る。些細なことのように思えるが、**髪を切ることは、外見を変える最も簡単な方法だ。**髪を切り、染めて、かつらやエクステンションを試してみよう。男性にとって髪型を変えるのは勇気がいるかもしれないが、ひげの形を変えたり、ひげを全て剃ったりすることによって、全く違う外見を作ることができる。

○身体の大きさと姿勢

あなたの身体の大きさ、身長、そして姿勢があなたの外見をどれほど形作っているか知って驚くだろう。**猫背や普段と違う姿勢にして、変化を加えよう。**また、時間をかけて体重を減らしたり増やしたりすることも、気付かれなくすることにつながるだろう。

◯普段の洋服を永久的に変える

いつもアメフトチーム、グリーンベイ・パッカーズのスウェットと野球帽姿で認識される存在なら、そろそろチーム愛を証明するのをやめた方がいい。また、今まで二十年間スニーカー、Tシャツ、ジーンズで毎日過ごしてきたのなら、手始めにカーキー色のズボンとポロシャツを着れば、みんなを裏切ることができるだろう（新しいコミュニティの基準値に合っているという条件付きだが）。反対に、いつもスーツを着ているなら、半ズボンとダボダボのシャツに身を包めばいい。また、**洋服の着方でイメージを変えることも可能だ**。普段、ゆるめの服を着ている人は、その下の肉体は、実は背が高く細身であることを周囲に知られていない可能性がある。

▶変装道具を揃える

消えたければ、あなたの正体を隠してくれるような変装道具を揃える必要がある。新しい人格を作り上げるのに、次のものがあると便利だ。

・かつらやエクステンション
・偽の口ひげ、あごひげ、ほくろ
・一時的なタトゥー

・サングラスや伊達メガネ、コンタクトレンズ
・帽子、野球帽
・つけまつ毛や化粧道具
・イヤリングや偽のピアス
・なりすます人格に合う服装。ヒッピー、保守的なビジネスマン、スポーツファン（控えめに）
・結婚指輪（独身で通したければ、指のへこみが消える時間を設けるために前もって結婚指輪は外しておこう）
・宝石類と腕時計

逃走中に変装する

すぐに逃げなければならない場合は、監視カメラの監視を逃れる変装が必要だ。これはわりと簡単にできる。帽子や眼鏡、そしていつも着ないような洋服だけで十分気付かれない。

ポケットのガラクタ

脚本家に変装して、イランから逃れたコーラ・ライジェックは、本当の正体を明かす証拠を消すためにポケットの中身を確認したが、これは正解だ。**変装をやり遂げるためには、ポケットや財布やハンドバッグの中身も重要だ。**なぜなら、それらや車の中を見れば、あなたのことを明かすものがいくつか入っているだろう。空のスターバックスのコップは、あなたのコーヒー好きを明かすし、本屋のレシートは本好きであることをばらすだろう。また、車に散らばった魚の形をしたクラッカーの粉は、あなたに子どもがいるヒントとなるだろう。変装を試みる時は、変装しようとしている人が持っていそうな物を想像する必要がある。もし私が映画プロデューサーとして通そうと思っていたら、携帯電話と名刺、そしてオシャレなレストランのレシートを忍ばせておくだろう。また、建設現場で働いている人の場合は、ドライバーと万能ナイフと釘を持ち歩いているだろう。変装は首尾一貫していなければならない。どんな時でも、適切な道具を持ち歩いていることが要求される。

身分証明書

地球上から姿を消す上で、最も困難なのは身分証明書の扱いだ。前述した通り、失踪するということは、政府が発行した身分証明書が必要とされるものを一切諦めるということだ。もう**飛行機に乗ったり、運転したりできない。**姿を消す準備を始める前に、このことを深刻に考慮しなければならない。知っておいた方がいい、身分証明書についての情報を伝えておこう。

偽の身分証明書は持たない

失踪しようとするあなたに、偽のパスポートや運転免許証を用意してくれる人がいたら魅力的に思えるだろう。しかし、これらを使ったら、見つかってしまうことを覚えておいてほしい。政府が発行した身分証明書の偽物を手に入れることは非常に難しい。ホログラムや磁気帯によって、偽造がほぼ不可能となった。**ネットで購入できるものは詐欺だ。**カリフォルニア州の運転免許証に五百ドルも支払ったとして、二度とそのお金は戻らないし、免許証も届かないだろう。違法でもあるので、気を付けよう。

会社の身分証明書

私は、たまに建物に侵入する仕事を依頼される。映画『スニーカーズ』を観たことがあれば、どういう感じか分かるだろう。要は、侵入不可の場所に、どれだけ簡単に侵入できるかを試す仕事だ。これを行う度に、**どれだけ人は会社の身分証明書に弱いか気付かされる。**前に、協議会に出席しようとした時があった。細いひもで、安い簡単な身分証明書を作っただけだ。警備員の所まで歩いて行き、「やあ、長い一日になりそうだな」と言った。警備員は、「ああ」とだけ言い、ぶら下げていた会社の身分証明書を見て、すぐに入れてくれた。私が作った身分証明書は上手くいった。と同時に、私はそこにいて当然という態度をとった。相手に近づいて、会話を始めた。暗い表情で、神経質で自信がなさそうな雰囲気は出していない。

もちろん、違法なことはしてはならないが、あなたのスパイ心が会社の身分証明書を作ってみたいと思っているなら、安いいくつかの物と少しの時間があれば簡単に作れるだろう。また、知らない人の身分証明書を、本人確認とそこにいる理由を把握しないうちに信用してはならない。荷物を持ったフェデックスの人、または公共料金請求の人が玄関に現れたら、電話をかけてその人が本物かどうか確認しよう（自分で調べた電話番号であることが大切だ）。

心の中のクラーク・ケント、スーパーマン

前述した通り、失踪する必要性がないことを祈っている。どうしても失踪して変装しなければ

ならない時は、テキサス州のモルモン教徒のボーイッシュな十代の女の子、ネイビー・ベイカーに着想を得ることができるだろう。ベイカーは自分自身のことを静かで恥ずかしがりやだという。ファーストフード店で注文するのも、満足にできない。しかし、ベイカーがスーパーマンのように力を発揮できるのは、大きなトラの着ぐるみを着て「変装した」時だと話す。ベイカーは、ギルバート高校のタイガーズ・フットボール・チームの、皆に愛されるマスコットを演じている。ナショナル・パブリック・ラジオはラジオ番組で、変装することによって人格まで完全に変えてしまうベイカーを特集した。ベイカーが言うには、変装をすると「どうでもよくなる」らしい。恥ずかしがりやのベイカーは、変装によって自信たっぷりになるのだ。変装中は、いつもはできない側転も軽くこなす。一人の変わった十代の女の子を、身分を隠したいと思っている人の参考にしろというのもおかしな話に聞こえるかもしれないが、変装によって人格を変えられる彼女は、最も変装を活かしている例といっていいだろう。

知らない身分証明書を、本人確認とそこにいる理由を把握しないうちに信用してはならない

第11章

サバイバル・ドライビング

非常時に生き残るための運転技術

状況認識力

A Former CIA Officer Reveals
Safety and Survival
Techniques to Keep You
and Your Family Protected
by Jason Hanson

SPY
SECRETS
That Can Save Your Life

五年ほど前、私はボルチモアを運転していた。大規模な吹雪の後で、道に他の車は走っていなかった。新築が両端に並ぶ、細い都会の道を運転していた。突然、一人の男が私の車に真っすぐ走って来て、ドアを開けようとした。私はいつもドアに鍵をかけていたから、男はドアを開けることはできなかった。すぐに私はスピードを上げ、目の前の視界に集中した。すると、女性が一人、私の車の前に立ちはだかり、車を止めようとした。トレーニングを受けていたお陰で、私は彼女の周りをカーブするようによけ、逃げ切ることができた。バックミラーを見てみると、十人ほどが私の車を追いかけようと道に出てきていた。私は運がよかったが、いつもこんなに上手くいくとは限らない。

クリスマスの数週間前の日曜日、三十歳のダスティン・フリードランドとその妻は、ニュージャージーの高級なショッピングセンターで買い物を終え、自身のレンジ・ローバーに戻ろうとしている時だった。妻のために助手席のドアを閉めた直後に、フリードランドは四人の男たちに襲われた。揉み合いがあり、フリードランドは頭を撃たれた（後に、地元の病院で死亡が確認された）。妻は車を強制的に降ろされ、男たちは車に乗って逃げて行った。車を盗んだ男たちは、ニューウォーク周辺で車を乗り捨てた。車を奪った四人は、複数の強盗やドラッグの使用で刑務所に送られた経歴を持つ極悪犯罪人だった。

テネシー州の最も恐ろしい犯罪も車強盗で始まった。付き合い始めて数か月のクリストファー・ニューソムとシャノン・クリスティアンは、ディナーに出かけることにした。そのどちらも家に戻らなかった時、家族は警察に連絡した。やがて、ノックスビルの外れにある線路で、鉄道会社の従業員がニューソムの遺体を発見した。続いてクリスティアンの遺体も見つかった。関係者が事件を調べると、二人はマンションの駐車場で車強盗に遭ったようだ。この若いカップルのような悲惨な運命をたどる場合は少ないとはいえ、車強盗は深刻な犯罪だから、太刀打ちできるだけの準備はしておいた方がいい。

深刻な脅威

基本的に車強盗は、時には命をも脅かし、現在アメリカでは急増中の犯罪だ。止まっている車を盗むのがますます難しくなった近年、力ずくで個人の車を奪った方が犯罪者たちにとっては楽になりつつある。車強盗についての数字を列挙してみよう。

・七十七％は武器を伴う。ほとんどが銃だ
・犯人の八十七％は男性だ

・五十四％は、二人かそれ以上の人数で襲う
・犯人はほとんど二十九歳以下の男性だ
・夕方遅くか夜の遅い時間が多い
・都会での発生率が高い。続いて、地方都市、地方の順番で発生する確率が高い
・六十三％は、被害者の家の八キロ圏内で起こる
・日曜の夜が多い

車強盗の被害に遭うのは非常に恐ろしいことだ。車の中で安全でいるためにできる簡単なことがいくつもある。

生き残れる運転の基本

まず、あなたの命を救うかもしれない非常にシンプルな戦略について知ってもらいたい。当たり前過ぎると感じるだろうが、どれだけの人が実際これらを行っていないかを知ると驚くだろう。これから指摘することは、シートベルトを締めるのと同じくらい当たり前にこなしてもらえるよ

うになったらと思う。

ドアをロックしよう

ヒューストンでは、女性が赤信号で止まった瞬間に車強盗に遭った。警察補佐官は地元のメディアに、犯人は「ドアを開けて入ってきた」と伝えた。武装した犯人は車中に侵入し、閉店したレストランの敷地に車を止めさせ、そこで降りるように女性に命令した。後に車は、搭載していた車載情報システム「オンスター」のGPSで発見された。まだ習慣にしていなかったら、車に乗った瞬間、ドアをロックしよう。

窓は開けない

シアトル周辺に住むある男は、駐車場で妻を待つ間、車の窓を開けっ放しにしていたことを後悔している。iPadをいじっていたが、そのうちiPadを席の間に置き、目を瞑って休んでいた。しばらくすると、何かが足を触ったように感じた。十代の少年が、窓から手を入れ、iPadを盗んで行ったのだ。

窓を開けたまま、目を瞑ってくつろぐのは当然間違った選択だが、誰が来ても窓を開けないことも同じくらい大切だ。夜の十一時頃、ダニー（この起業家は匿名を希望した）はメールの返事を打つために、道路横に車を寄せた。その時、一台の車がブレーキをかけながら彼の車の後ろにつけた。車から一人の男が出てきて、ダニーの窓をノックした。残念なことに、ダニーは男が何の用か知りたくて窓を開けてしまった。すぐに、男は窓から手を入れ、ドアのロックを開けた。車に侵入してきた男は、銀の銃を持っていた。これは単なる車強盗ではなく、警察に追われている犯罪者によるものだった。運転するよう命じられたダニーは、逃げ出すスキを見てすばやく行動した。立ち寄ったガソリンスタンドで、犯人が支払いを済ませている間、ダニーはシートベルトを外し、ドアを開けて逃げ去った。通りの反対側にあるガソリンスタンドに何とか逃げ込み、備品室に隠れ、店員に警察を呼ぶようお願いした。

ダニーの例は珍しいかもしれないが、信号で止まった時や、窓を開けたまま駐車している時は狙われやすい。**窓を開けたままの運転や、見知らぬ人と話すために窓を開ける行為は、ひったくりや車強盗と直結する。**窓を開けて運転するのは諦めよう。そのリスクを負う価値がない。

エンジンは切ろう

人生は忙しい。そんな中、エンジンをかけたままさっと店での用事を済ませたり、友人と話したりするのは魅力的にうつるだろう。ミネアポリスのある父親は、この行為の危険性を苦い体験で嫌というほど思い知らされた。ガソリンスタンドにいた時に、知り合いに遭遇したらしい。エンジンをかけたまま、二歳の息子を後部座席に座らせ、車を出てその相手と話し始めた。すると突然、男が車に乗り込んできて、そのまま車で走り去った。幸運なことに、しばらくして、警察は車と後部座席で寝ている息子を無事に見つけることができた。一方、コロラド・スプリングスでは、エンジンをかけて自家用車を温めている住人たちの車がこぞって盗まれた。車の持ち主たちが、家にいる時に狙われたらしい。また、ボルチモアでは、盗まれた車の半分が鍵をさしたままの状態だったので、警察が驚いたらしい。『ボルチモア・サン』によると、これは決して珍しいことではない。国家道路交通安全局と米運輸省によると、車強盗の四十から五十％は、運転手の不注意によって起こる。つまり、車の鍵をさしたままか、車の座席に鍵を置き、ドアの鍵をかけずにその場を離れているのだ。第一章で話した通り、ほとんどの犯罪はちょっとした機会によるものだ。**車の鍵を中に置きっぱなしにし、ドアもロックをかけないで、車を簡単に盗めるような状況を作り出すのはやめよう。**例え自分の家の前の通りであっても、エンジンを切るのに必要な数秒を惜しまないでほしい。払う代償はあまりにも大きい。その手間を怠ると、財布を取りに家に戻って出て来たら車が盗まれていた、というような状況に陥ることになるだろう。

車強盗の四十から五十％は、運転手の不注意によって起こる

いつも通り、状況認識を働かせよう

自分のプライベートな空間だから車の中は安全だと考えがちだ。**実際は、道を歩くのと同じで、車の中にいても黄色の状態にあるべきだ。**フロリダ在住の看護士スーザン・ビグスは、病院の駐車場で本を読んでいる時に悲運に遭った。読書中の彼女に、二人の男が開いている窓から近寄った。銃で武装した男たちは、車から出るよう彼女に命令した。犯人たちは車に乗って逃げ去った。長い追跡を経て、後に犯人は捕まった。家でくつろぐように車の中でくつろげないのは非常に残念だが、それが今、我々の住む世界だ。

最も弱い立場の時

信号や一時停止の標識で止まった時は、特に注意をしよう。当然、車が動いていない時が狙われやすい。時速百二十キロで飛ばしている時は、狙う人もいないので車強盗の心配はしなくてもいいだろう。また、誰かが車に近寄っても、窓を開けたり、話そうとしたりしてはいけない。相手の手をよく観察しよう。相手がナイフや銃を出そうとしている、あるいはあなたが本能的な直感で何かがおかしいと感じた場合は、とにかく走り出そう。左でも右でも後ろでも前でもいい。動くことで命が助かるのだから、危険区域からすぐに脱出することを覚えておこう。

車の中にいる時とは限らない

車強盗は、車の中でも外でも起こり得ることを忘れないでほしい。致命的な車強盗に遭った時、ダスティン・フリードランドは車の中にはいなかった。ショッピングセンターを出て車に向かっているところだった。車に向かって歩いている時は、どこかに誰かが隠れていないか注意を払おう。**駐車する場所は、明るいところを選び、鍵はすぐ出るようにしておこう。**

タイヤは見えている？

今度信号で止まった時、前の車を観察してみよう。実際、前の車とどのくらいの距離を空けているだろうか。前の車のタイヤは見えるだろうか。常に前の車のタイヤが見える位置で止まるよう訓練しよう。これはあなたの命を救うかもしれない安全対策だ。車が止まる、あるいは渋滞にはまる度に、前の車のタイヤが見えないほど近寄らないよう気を付けよう。自分の車の前にそのくらいの空間を空けておくと、緊急事態の時に、そのすき間を使って逃げることができる。**車の後ろの空間は自分で決められないが、前の空間は自分で調整できる。**

ガソリンタンク

ガソリンは、いつも半分ほど入れておいた方がいいと言われているのは皆知っているだろう。

しかし、実際これは簡単なことではないから、ほとんどの人が守っていないのが現実だ。とはいえ、**ガソリンタンクの四分の一以下のガソリンで走るのは避けよう。まして、ガソリンの表示が点滅するほど空にしてしまってはは絶対にいけない。**何かが起きて、運転して逃げなければならない状況に陥った場合、タンクに四分の一ほどのガソリンがあれば、百キロほど走ることができる。危険な状態から抜け出すには十分な距離だろう。

タイヤはコントロールを意味する

手入れの行き届いた高品質のタイヤがどれだけ大切か、いくら言っても言い足りないだろう。あなたとあなたの愛する家族と道路の間には、四本のタイヤしかないのだ。**車で回避行動を取らなければならない時、車をきちんとコントロールすることが重要になってくるが、これはタイヤによるところが大きい。**しかし、あなたは最後にいつタイヤの空気圧を確認しただろう？

実はほとんどの人が、空気圧不足のタイヤで走っているのだ。経験に基づいた法則は次のようなものだ。タイヤのサイドウォールに表示してある、お勧めの空気圧より十％以下にタイヤを保とう。要するに、今から車に乗ろうと思っていて、タイヤに四十四ｐｓｉという表示があった場合、四十ｐｓｉまでタイヤを膨らませるのがいいだろう（車メーカーのアドバイスはこの際無視する。あなたが車にどんな種類のタイヤを取り付けるかにもよるから）。コントロールがよくなるばかりか、燃費もよくなるだろう。タイヤを最適な状態に膨らませたら、その状態を保つように時々点検しよう。そして、スペアの点検も忘れないようにしよう。

■正しい座席の調節法

私の「エスケープ&イヴェージョン」コースのドライビング体験（SpyDriving.com参照）教室で最初に教えるのは、運転するための正しい座席の調節法だ。**ほとんどの人がハンドルから遠すぎる位置に座っている。**正しい位置に座っているかどうか確認する簡単な方法がある。今度運転席に座ったら、ハンドルに向かって腕を真っすぐ伸ばし、ハンドルの上に腕を乗せてみよう。手首の下にハンドルがくるのが理想的だ。ハンドルに指がくるようだったら、後ろ過ぎるので座席をもっと前に移動させよう。反対に、ハンドルに前腕がくるようだったら、手首がくるようになるまで少し後ろに下がろう。

○手の位置

ハンドルにきちんと手を置くことで運転にどのような違いが出るか、私のクラスを受講したことのある人はよく知っている。バリケードを避けたり、車を衝突させたりする訓練を一通りやるが、みんな手をハンドルの三時と九時の位置に置かなければ、正確に車を操作することができないことをすぐに知る。車で逃げなければならない緊急時は、手がこの位置にあることが絶対条件だ。**三時と九時に手を置けば、自動的に肘は曲がるから、車の動きを最大限引き出すことができる。**例え人が前に立ちふさがってあなたの車を止めようとしても、この位置に手を置いておけば、簡単に車を迂回させ、逃げることができるだろう。

ハリウッド映画のお決まりシーンで、唯一現実的なもの

人が突然つかみかかってきて、バンタイプの車に引きずり込まれるシーンは、映画で観たことがあるだろう。これはお決まりの映画のシーンの中で、唯一現実に起きていることだ。私のクラスを受講した女性も、バンで連れ去られそうになった。明るい午後、ロサンゼルスの環境のいい地域で起こった出来事だ。道を歩いていると、彼女と並んで白いバンが走っているのに気付いたという。不安を感じたのも束の間、突然男が彼女の手首をつかんだ。幸いどうすればいいか分かっていた彼女は、大きな声で叫びながら狂ったようにその男と戦った。男は、バンに飛び乗って、走り去った。同じような例がアメリカでも他の国でも数多く報告されている。バンでの誘拐には理由がある。普通の車に人を連れ込むより、バンに引きずり込んだ方が楽なのだ。対象が大きければ、なおさらだ。お決まりのシーンだが、**こう**

いうバンとは必ず距離を保つようにしよう。

○サイドミラー

車の後方を見るためにサイドミラーを使う人がほとんどだ。しかし、今度車に乗った時に、サイドミラーをよく見てほしい。**車の後方が映っているようだったら、もっと外側に向けよう。**こうすることによって、運転中にもっと周辺の視界が広がる上に、死角もできにくくなる。

車強盗はどのように行われるか

あなたの車に近寄って来て、武器を見せ、車から出るよう命じる車強盗のパターンもある。また、車強盗に騙されて、その結果車を取られる例もある。車強盗犯の手口を知っておけば、異変に早く気付けるだろう。

衝突音＋強盗

軽い衝突の時、自分の車に傷がついていないか入念にチェックしたくなるのは分かる。しかし、**後ろから衝突された場合、被害を確かめるために車から降りることは、考えた方がいい。**フロリダ州デルレイビーチで、お金をおろしたばかりの男が、車の後部に衝突された。被害を確かめようと車から出たら、後ろの車から出てきた二人の男に銃を突きつけられ、手首を縛られた上に、現金を出せと命じられた。男は、お金はないと言ったが、二人の男のうちの一人が男のシャツから現金を抜き出した。もう一人の男は、男の車を盗もうとしたがロックがかかっていた。

ジョージア州アトランタでも似たようなことが起こったが、こちらは悲劇的な結末を迎えた。五十三歳のジャニス・ピッツが、娘と四歳の孫と車で仕事に向かっている時だった。信号で待っていると、デューイー・グリーンが繰り返し衝突してきた。車の被害を確かめようと外に出たピッツだったが、グリーンは自身の車を加速させて、二台の車の間にピッツを挟み、車を後退させて、ピッツをはねた。即死だったという。グリーンは、数々の乱暴運転、ドラッグによる逮捕歴、そして小規模な器物損壊罪に問われた人物だったらしい。

慈悲深い人（車強盗編）

慈悲深い態度が、どんな問題を引き起こしかねないか既に話したと思う。車強盗でも同じことがいえる。オーランド州に住む四人の女の子たちは、車の故障を装えば、ガソリン代も、街で一晩遊ぶためのお金も手っ取り早く手に入るだろうと考えた。ハザードランプをつけたまま走っていると、通りを歩いている若い男を見つけた。女の子たちは、駐車場に車を止め、オーバーヒートして困っているから助けてほしいとその男に懇願した。二十一歳のキャメロン・カストロがボンネットを開け点検していると、女の子の一人がシャツで顔を隠し、「持っている物を全て出せ」と要求した。五十ドル差し出したカストロだったが、それではあき足らず、二回もバンパーで当てられたという。

テネシー州グリーンヴィルでも、慈悲深い人の同情を買おうと三人の容疑者が車の故障を装った事件が発生している。車のボンネットを開けたまま、男性と女性が高速の路肩に座っていた。女性はどうやら赤ちゃんを抱っこしながら、手で助けを求めていたらしい。ステーション・ワゴンが止まり、手を貸そうと男が車から降りたところを、男二人が銃で近づき、お金を要求したという。

車の事故で困っている人を助けたいのは分かるが、ひょっとすると騙そうとしているのかもしれない。**困っている人がいたら、携帯電話で警察を呼ぼう。もしどうしても手を貸したいという場合は、くれぐれも用心しよう。**

罠

家の私道で車強盗に遭うケースもある。一九八四年にアメリカの外交官レーモン・R・ハントがローマで暗殺された時も、私道で待ち受けていた車強盗によるものだった。ある晩、ハントは敷地内に入るために、門が開くのを待っていた。すると、通りの向こうに止まっていた車から三人の男が現れ、銃で撃ってきた。そのうちの一人が、ハントの乗っているリムジンのトランクに飛び乗り、撃った。弾は、防弾ガラスの隙間を抜けてハントを殺害したという。

企み

私たちは皆安全運転を心がけているから、誰かが車のランプを点滅させたり、路肩に寄せるよう促していたりしたら、安全のために応じようとするかもしれない。しかし、車強盗はこういう人の不安な気持ちを利用して、相手を弱い立場に追い込む方法を知っている。**誰かが車を寄せるよう狂ったように合図を送ってきても、あなたの車から火が出ている様子もなく、問題がなさそうだったら、警察を呼んで走り続けよう。**

車強盗を避ける方法

運転中に安全でいるための基本がある。車強盗の中には想像力豊かな方法で人を騙してくる者もいるので、**いつも注意を払って周りに関心を持とう。**イギリスでは、車の後ろの窓にパンフレットを挟む車強盗がいたそうだ。車を運転し始め、窓から顔を出して確認するまで運転手はその紙に気付かない。イラ立って紙を取るために車を寄せて外に出ている間に、車強盗たちは運転席と助手席に乗り込み、車を奪って行くという方法だ。こういうパターンもあるから、いつでも状況認識を働かせ、次のことに必ず注意しよう。

・どんな時も窓を閉め、ドアに鍵をかける。
・運転を避けることもありだ。犯罪の多い地域や人気のない場所、夜遅くは運転を避けよう。
・赤信号や渋滞で停止した時は注意しよう。いつもそうだが、スマートフォンでの通話やメール、ゲームはやめよう。
・小さな交通事故で車が何らかの傷を負ったとしても、命には値しない。バンパーを当てられた際の傷は、気にしない。ハザードランプを点けて、警察を呼び、現場に警察官が現れるまで車の中にいるのは当然のことだ。

・どんな状況だろうと、道路の横や高速の路肩で慈悲深い自分を披露してリスクを負うのは、やめよう。人を助けたければ、警察に電話をして、路肩に助けを求めている人がいると伝えればいい。

・誰かが車の窓に近寄ってきてあなたと話したがっても、窓は開けない。窓を通して話そう。窓は精神的且つ身体的なバリアの役目を果たしてくれる。窓越しに話すのは変に感じるかもしれないが、恐らく犯罪者もあなたをいいターゲットではないと判断し、立ち去るだろう。

・助けを呼ぶ時のために、車に携帯電話を常備しておこう。

・どんな時でもそうだが、直感を信じよう。仕事の性質上、私は車強盗に遭った人をたくさん知っているが、みんな「何かが変だった」と言っている。本能を信じよう。

・車で追跡されていないか注意を払うことは既に述べた。家に向かう最後の角を曲がる前にバックミラーを見る癖を持とう。つけられていると感じたら、車で走り続け、警察を呼ぼう。

・車に乗ってから、身の回りの物を整理するのは、やめよう。財布に物を入れるのに没頭しない。GPSをいじったり、電話をかけたりといった行動も、あなたを弱い立場に置く。運転する前に、どうしてもやらなければならないことがある時は、頻繁に顔を上げながら行おう。

・犯罪者のように考えよう。あなたは格好の獲物に見えないか。ショッピングセンターを出る時、携帯電話で話していないか。高価な宝石類をたくさん身につけていないか。車強盗は、一人でいる若い、または年配の女性に特に興味を持つ。グループは、まとめるのが大変だから興味はない。また、子供といる母親も恐らく狙わないだろう。母親は狂ったように戦うから、強盗犯は普通避ける傾向にある。

車強盗に遭ったら

車強盗に出くわさないことを祈るが、思ってもいないことが起こった場合に取るべき行動を伝授しよう。赤信号で停止した時に、武装した犯罪者が近寄って来て車を寄こせと命じる。さあ、どうすればいい？　もう一度復習するが、**行動は命を救う。どんなことがあっても、固まってはならない。**

子どもと一緒だったら

子どもを車の中から出すのに車強盗の許可を得る必要はない。率直に、車の中に子どもがいるからと伝え、子どものところに行き、シートベルトを外し、車から出そう。

車強盗に自分が連れ去られそうになったら

犯罪者と車に乗ったら、命を落とすかもしれないことを覚えておいてほしい。レイプされたり、殺されたりする確率が格段に上がる。犯罪者と同乗しても、自分を釈放するよう説得するハリウッド映画に騙されてはならない。**車に連れ込まれそうになったら、どんな方法でもいいからとにかく抵抗しよう。**銃、ナイフ、護身用ペン、その他持っているもの全てを使って、全力で車強盗と同じ車に乗るのを阻止しよう。

車はあなたの視線通りに走る

広い原っぱで唯一立っている木に車で突っ込んだ酔っ払いのニュースを聞いたことはないだろうか。あるいは、広い駐車場にある唯一の外灯かもしれない。これは、車は必ず運転手が見ている方向に向かうことから起こる現象だ。車で逃げる際に、ハンドル操作をする上でこのことを知っておくのは大切だ。例えば、外国の狭い道路で、運転して逃走しなければならない場合、曲がる先の道路をしっかり見よう。そうすれば、正しい方向に車を導きやすくなるだろう。

あなたの中のスパイ心――逃走する時の運転操作

人はスパイ映画を連想する時、ヘリコプターに追われる車や、橋から飛び降りる車、また人の多い街を疾走しながら窓から顔を出し悪者に向かって撃つカーチェイスのシーンを思い浮かべるだろう。私が生徒に教えるのを最も楽しみにしているのが、「エスケープ＆イヴェージョン」のドライブ体験だ。ごく普通のアメリカ人が、車を百八十度回転させる方法や攻撃の交わし方、さらに車を衝突させる方法など、その他多くのことを学ぶことができるのだ。生徒たちにも教えているいくつかの技を少しここで述べるとしよう。これらを知っていると、いつの日かあなたの命が救われるかもしれない。

百八十度の回転、またはテレビドラマ『ロックフォードの事件メモ』風の回転

ジム・ロックフォードがポンティアック・ファイヤーバードで見せた激しいハンドル操作を覚えている人も多いだろう。なぜかあの人は、いつも百八十度の回転をするしかない状況に陥っている。では、後方に進む以外に前進できない場合にはどうすればいいのだろうか？

①左手を九時の方向に置く。

②車が回転できる場所まで後進しよう。車を反対方向に向かわせるためには、最低時速三十キロの速さで走らなければならない。時速三十キロと時速五十キロの間が理想だ。

③車を回転させたいと思う場所に到達したら、左手を素早く三時の位置に移動させながら、同時にアクセルから足を外す。アクセル、ブレーキともに足を置かない。

④前方が回転して、車は反対方向を向くだろう。ギアをドライブに入れて、安全な場所まで走ろう（SpyDriving.comを見れば、ＡＢＣの『シャーク・タンク』のスターであるデイモンド・ジョンがこの百八十度の回転を実践しているのが見られる）。

キルゾーン脱出訓練

ＶＩＰの護衛をしている人たちに教えている技だ。戦っている最中に、攻撃で一台の車がやられて使い物にならない状況を想像してみよう。まだ機能している車を使って、危険な区域から故障車をどかさなければならない。

①故障車に残っている人と連動して行う。故障した車のギアをニュートラルに入れる。

②アクセルを思いっきり踏まないように。バックに入れて、故障車と接触するまで、ゆっくり進もう。

③接触したら、バックで進み続け、安全な場所まで車を押し続けよう。

車を衝突させる方法

他の車が道路を塞いでいるが、前に進まないと命も危ないといった状況を想像してみよう。こういう状況に出くわさないことを本当に祈るばかりだが。車を衝突させる上で知っておいてもらいたいことをいくつか述べたい。というのも、ハリウッド映画は完全に間違っている。高速を時速百キロで走行しながら、車を衝突させることは不可能だ。こんなに速く走っていたら、自身の車も相当なダメージを受けるので、その後走って逃げることはできないだろう。実を言うと、最大でも時速三十から四十キロくらいの速さが理想だ。もう一台の車をどかすためにも、その後乗っている車で走り続けるためにも、これくらいのスピードが丁度いい。それと、相手の車の後方にあるガソリンタンクの右あたりを狙って衝突したい。エンジン周辺は、重すぎるので衝突するのは避けたい。

①最低時速三十キロで、しかし、これ以上は出さないでもう一台の車に近づこう。時速十キロで相手の車と衝突させても、相手の車は動かず、小さな交通事故が起こるだけだ。

②相手の車の後方にあるガソリンタンクの右あたりを狙おう。アクセルを踏み、スピードを出

し続けるのを忘れないで。車と衝突する時も、衝突し終わった走行中も、ずっとアクセルを踏み続けるのだ。

③車をどかすことに成功したら、走り続けよう。必要とあればスピードを上げて逃げよう。

もし運転手がやられたら?

運転手が攻撃中に撃たれたら、あるいは心臓マヒで車を運転できなくなったら、どうするか考えたことがあるだろうか。もし、このようなことがあなたに起こったら、対処法は簡単だ。

①運転手がやられたら、バランスを取るために、運転席の後ろか、運転席の窓側から手を伸ばしてハンドルを掴もう。

②右足か左足（あなたに都合がいい方で）を運転手の横に差し出し、アクセルとブレーキを操作する。必要であれば、運転手の足を横に追いやろう。

③安全な場所まで運転しよう。

もう一度言うが、こういう緊急のハンドル操作が必要な状況に陥らないことを願っている。しかし、予測不可能な世の中だから、あり得ないとも言い切れないだろう。

状況認識力

第12章

自分を守る

武器と基本的な護身テクニック

SPY SECRETS That Can Save Your Life

A Former CIA Officer Reveals Safety and Survival Techniques to Keep You and Your Family Protected

by Jason Hanson

史上最も有名な武道家のブルース・リーが残した言葉で「一度に一万回キックを練習した人よりも、一つのキックを一万回練習した人の方が怖い」というのがある。自己防衛術も、あらゆる技を学ぶことではない。簡単なものをいくつか覚えて、何かの時に器用に使いこなすことが大切だ。この章で紹介する様々な状況も、似たような防衛術を使えば切り抜けることができる。**これから教えるものを、毎日二分間練習することをお勧めする。二分間練習することを習慣にすれば、そのうち何も考えなくてもこなせるようになるだろう。**始めに一つ選んで、使いこなせるようになったら次に進もう。危ない状況に身を置くようなことはないことを願っているが、この章で学ぶ防衛術が、あなたやあなたの愛する者を守ることもあり得るだろう。

安全への逃走

私は一週間に六日トレーニングし、腕も悪くない方だが、相手と戦うようなことは避けたい。私はいつも自分を抑えて、本当に必要でない限りこういった防衛術を使わないようにしている。**常にゴールは、逃げて助けを呼ぶことだ。**誰かをナイフで刺したり、パンチをしたりといったことも必要かもしれないが、それより逃げて助けを呼ぶ方がいいに決まっている。

頭字語のＥＴＧＳ（escape to gain safety　安全に至るまでの脱出）を覚えていれば、攻撃された時にどうすればいいか思い出すだろう。この章で出てくる状況のほとんどに、この原理はあてはまる。

E　escape＝eyes（目）　相手の目をえぐり出すか突く。

T　to＝throat（喉）　相手の喉か喉頭を攻撃しよう。相手は後ろによろめくだろう。

G　gain＝groin（股間）　相手が自分の前にいたら、股間を蹴り上げよう。

S　safety＝shin（すね）　何回も相手のすねを攻撃してもいいだろう。相手が半ズボンを履いていたら、足をすねに向かって強くこすってもいい。

次に、実際に起こるかもしれない、深刻な状況をいくつか紹介するが、最も大切なのは、**敵の照準から外れること、固まらないこと、そして恐怖をコントロールすることだ。**そして、これらを実行できたら、どんな緊急事態でも、とりあえず逃げて助けを呼ぶことが最優先だ。

逃げて助けを呼ぶ方がいい

誰かに腕をつかまれ、引きずられそうになった時

この防衛術は、子どもに絶対教えた方がいい。誰かに腕をつかまれ、どこかへ連れて行かれそうになったらどうすればいいか、家族全員が知っていた方がいいと思う。**まずは、とにかく戦うことだ。**後ろに下がってしまうのが自然な反応だが、これでは攻撃者と綱引き状態を生むからやめよう。**反対に相手に踏み込んで、瞬時に肘を攻撃者の顔に向かって突き上げたい。**肘を上げることによって、攻撃者は腕を放すだろう。そのスキに、安全な場所まで逃げる。SpySecretsBook.comでは、これを実際に行っているビデオが見られる。

小さい子どもの場合

小さい子どもの場合、あるいは力の強い攻撃者の場合は、相手の腕を解くのにもう一つ動作を加えたい。相手の手を振りほどくために腕を上げられない場合は、反対側のもう一方の腕を、自分を掴んでいる相手の腕に持っていって掴もう。反対側の腕の力が加わることによって、てこの原理が働き、相手は手を放すだろう。

後ろから捕らえられて羽交い絞めにされた場合

お気に入りの道をジョギングしている時に、誰かが茂みから出て来て、あなたを後ろから羽交

い絞めにした場合は、前に走ろうとしないで、大きい歩幅で後ろに向かって、攻撃をしかけてきた人のバランスを崩そう。と同時に、指を折るつもりで相手の指を剥がしにかかろう。小指が一番傷つけやすい。攻撃者の指に十分な傷を負わすことができれば、攻撃者も手を放すだろう。この時点で、肘で首を突くか、後ろに向かって股間を突き、安全な場所まで逃げよう。

もし攻撃者があなたを持ち上げようとしたら

もし攻撃者が、後ろに反りながらあなたを持ち上げようとしたら、自分の足を相手の足にひっかけよう。そうすることで、攻撃者はあなたをしっかり掴めなくなるだろう。その後の防衛術は、羽交い絞めにされた時と同じだ。攻撃者が手を放すまで、相手の指を剥がしにかかろう。相手が放したら、直ちに逃げよう。

攻撃者があなたの髪の毛を掴んだ場合

男性より女性が心配なケースだ。短い場合でも誰かに髪の毛を掴まれる可能性は十分ある。誰かが前から近寄ってきて髪を掴んだら、あなたは攻撃の反撃をしやすい体勢だということを知ろう。前にいるから、攻撃者の動きが見える。それに、相手は髪を掴んでいるから、手で攻撃できないことも知っている。この状況に陥ったら、この章の始めに触れたＥＴＧＳを思い出そう。頭字語が、取るべき行動を思い出させてくれる。攻撃者は、自分の前にいるから、連打することも可能だ。覚えておこう。**ＥＴＧＳだ。目、喉、股間、そしてすねへの攻撃だ。**

攻撃者の弱点を繰り返し攻め、自由になったら、人が多いところに逃げ込み、できるだけ大きな騒ぎを起こそう。

後ろから髪を掴まれた場合

この状況下では、攻撃者が見えないが、どこにいるか察知することはできるだろう。攻撃者から離れないことが大事だ。代わりに、自分の手で相手の手をなるべく強く掴もう。そして、相手の腕が後ろに曲がるまで、相手の手を持ったままクルクル回り始めよう。同時に、攻撃者の指を引き剥がし、ＥＴＧＳを攻撃し、そして逃げよう。

誰かに喉を締め付けられた場合

誰かに喉を締め付けられている状況は深刻だから、一刻を争う。この防衛術は、脅すようにあなたのシャツに掴みかかってきた相手にも使え、とても簡単だが効果的だ。必要な時に実際使えるように、首のくぼみがある箇所を確認しておこう。とても繊細なこの部分を攻撃するのだ。攻撃者の手が自分の喉を掴んだら、単純に二本の指を相手の首のくぼみに素早く、強く突く。相手は必ず息をつまらせ、顎を引き、後ずさりするだろう。そのスキに逃げよう。

誰かが殴りかかってきた時

殴りかかってきた人がいたらどうするか。誰かが私の領域に入ってきたら、私はいつも備えておきたいから、手を上げる。余計相手に火がついてしまったら嫌だから威嚇するような感じではやらない。ただ必要であれば、素早く反応できるようにバリアを張る感じだ。誰かがあなたの方向に大きなパンチを浴びせようとしているとする。そういう時は、腕を上に曲げ、パンチが上腕に当たるようにしよう。さあ、今度はあなたが相手の首を強く打つ絶好の体勢にいる。一発やってもいいし、安全な所まで逃げてもいい。この防衛術は、相手の後頭部のくぼみや脊柱と頭蓋骨とが合わさった頭の後ろの部分も攻撃するチャンスを作る。後頭部のくぼみに一撃を食らうと、方向感覚を喪失するので覚えておきたい。

ストレートパンチの場合は？

ストレートパンチがきそうな時は、少し防御法が違う。脅かされるような状況になったら、肩の高さまで腕を上げよう（もう一度言うが、余計相手の火をつけてしまうのを避けるために、威嚇するような感じではやらないように）。パンチが真っすぐ向かってきたら、パンチが肘の先に当たるように上腕を曲げる。

パンチが強く肘に当たると、攻撃者はのたうち回るほど痛いだろう。指を骨折する場合もあるほどだ。どれほど痛いか想像したい場合は、拳で食卓の角を力の限りパンチする光景を思い浮かべてみよう。攻撃者のパンチが肘に当たったら、あるいは指を骨折したら、ETGSを攻めてもいいし、単純に安全な場所まで逃げてもいい。

武器を選び、使う上で知っておきたいこと

護身用ペン

第3章で述べたように、護身用ペンは私が最も好んで持ち歩く武器だ。どこにでも持って行けるし（飛行機の中にも）、銃やナイフを持ち歩く準備がまだできていない人、または持ってはいけない場所に住んでいる人が持ち歩くにはちょうどいい。私が持っている護身用ペンは一見当たり障りのないペンだが、よく見ると普通のペンにはない機能がある。まず、普通のペンより厚く、重い（航空機級のアルミでできている）。その上、一番大事なのはペン先が尖っていることだ。財布やバッグに手を入れる度に怪我するような鋭さではないから安心していいが、これによって

かなり深刻なダメージを与えることもできる。この護身用ペンの自己防衛術を教える私の授業では、いつもどれだけこのペンが強いか証明するために、氷の塊に打ち付けて見せる。普通のペンだと潰されるだけだが、私が使用している護身用ペンは数回打っただけで、氷を真二つに割るほど強靭だ。ペンで刺したり突いたりすることによって攻撃者に傷を負わせるだけでなく、緊急時にガラスを割ることもできるのだ。

○正しい護身用ペンの選び方

市場に出ている護身用ペンは全て試した。私の護身用ペンは、三十五ドルする（十ドルから三百ドルまで値段は幅広い）。私が使っている護身用ペンは、TacticalSpyPen.comで見ることができる。どんなペンを選ぼうと、次のことを確認しよう。

・質のいいものを買おう（全ての武器にいえる絶対のルールだ）
・攻撃する時のために、先が固い金属でできている
・ズボンのポケットやズボンの中に留められるように、クリップがついている（財布やバッグの底にあっても意味がない）
・ペンをしっかり持てるように、キャップ側は平らである。必要であれば、攻撃する時に大き

な力を加えられるように、平らな部分に親指がおける
・実際に書くことができ、長期間使えるようにインクが補充できる

◯持ち方

護身用ペンを使って自己防衛するためにまず知っておいてほしいのが、正しい護身用ペンの持ち方だ。逆手で持ってもいいだろう。剣の持ち方と同じだ。つまり、誰かを刺そうとする時の持ち方だ。しかし、これだとあまり安定感がないのが分かるだろう。この持ち方だと、相手に大きな傷を負わせることはできない。代わりにアイスピック・グリップ（リバース・グリップという呼び名でも知られている）がある。これで握ると、攻撃力とコントロールが増す。前述したが、この場合、ペンのキャップ側を親指で押さえることによって、大きな力が加えられる。

◯どこに護身用ペンを入れておくか

これは非常に重要だ。使うためには、すぐに出せる場所にないといけない。危険な状況で、探し回ってはいられないだろう。私は、ズボンの右側の前ポケットの中にペンを留めておくのが好きだ。私には都合がいいからだ。使わなければならない時に、どこに手を伸ばせばいいか分かっている。**保管場所はどこでもいいが、常に同じ場所にしよう。**そして、どこにあるか自動的

に分かるように、しっかりと記憶しておこう。ペンを留めることもでき、その上すぐ出せるところは、ズボンのポケット、シャツの襟、ハンドバッグのストラップ、あるいはズボンの中だ。

○ペンの出し方

三つのシンプルな手順だけだ。

①ペンを手にしっかり持つ
②ペンを真っすぐ上に向かって突き出す
③外に向かってペンを真っすぐ差し出す（銃を取り出すような感じで）

様々な場面を想定して、護身用ペンを取り出す練習をした方がいいだろう。立っている時、横たわっている時、歩いている時、攻撃を交わした時（あるいは、照準から外れる時）、後ろから羽交い絞めにされた時、または誰かがあなたの方へ歩いて向かっているような時などだ。これら全ての状況で、ペンを取り出すことができなければ、違う場所にペンを忍ばせた方がいい。友だちか家族に食べ終わったピザの箱を持ってもらい、それに向かってペンを出して攻撃する練習を重ねよう。

パンチをそらすために護身用ペンを使う

護身用ペンがあると、できることが増える。荒っぽい界隈を歩いている時や、バーでおかしな目つきで自分を見ている人がいるなど、不穏な空気を感じた場合は、護身用ペンを取り出そう。相手を興奮させたくないので、威嚇するような取り出し方はせず、慎重にペンを手に取り、見られないよう前腕で隠そう。相手が振り回すような大きなパンチをしようとしたら、前述したように腕を上げてパンチを防ぐ一方で、護身用ペンを握っているもう一つの手を伸ばし、相手の脇の下や胸筋をしっかり突こう。これはかなり痛いだろう。

パンチがストレートの場合

相手のパンチがストレートの場合は前述した通り対処しよう。それと同時に、護身用ペンを持っている方の手を上に上げ、相手のパンチがちょうどペンの尖っている箇所に当たるよう調整する。想像できると思うが、相手へのダメージは大きいだろう。

ナイフを持ち歩く上で、知っておきたいこと

まず、あなたの州でナイフを持ち歩くのが合法か知っておかなければならない。ナイフを持つ前に、あなたの住んでいる場所の法律を調べよう。その後、他の物と同様、あなたにとって都合のいい物を選ぼう。ナイフを購入する前に、いくつか考慮した方がいい点がある。

・どこに忍ばせておくのがいいか。ベルト？　それともポケット？
・普段どんな服を着ている？　いつもジーンズを履いているなら、刃の粗いナイフでもいいだろう。反対にスーツ姿が多いなら、生地を破ってしまう可能性もあるから、持つところが滑らかなものがいいだろう
・どうやってナイフを差し出す？　手動で刃を出すものにするか、それとも自動的に刃が出るものにするか
・どれくらいの重さのものにするか
・どのくらいの大きさのものにするか

毎日持ち歩けるナイフを選ぶのがいい。いつも同じ物を持とう。緊急事態の時に、一瞬間をお

いて、「今日はどのナイフを持っていただろうか？」などと考えている余裕はない。いつもどのナイフを持ち歩いていて、どのように取り出すか頭に入れておきたい。

ナイフの取り出し方も忘れないで

これを練習する人は少ないが、きちんとしたナイフの取り出し方と使い方を知っておくことは大切だ。訓練を受けたプロから、きちんとした技術を学ぶこと。攻撃を受けた時、何も考えなくても自然とナイフを取り出せるようになることが理想だ。

ナイフで攻撃を受けた場合、攻撃の照準から外れる

ナイフを持った人に攻撃された場合、どのようにして照準から外れるか、基本的な動きについて述べようと思う。**ナイフの防衛法は、全て角度をつけた動きで、三角形を描くようなものだ。**ナイフを伴う戦闘シーンで真っすぐ突き進む動きは、誰かを強く後ろに押しやろうとする動きのみだ。

Xを描くフットワーク

この動きを練習したい場合は、絶縁テープを床に貼ろう。大きなXの文字を作り、真ん中に

横線を引こう。地面に大きな星印を描くような感じだ。これがあれば、前方、後方、あるいは横へと移動しながら、敵の照準から外れる次のステップの助けとなるだろう。

前の三角形

前の三角形の動きは、前進しながら横にそれるからあなたの視界を広くするものだ。向かってくる危険に、四十五度の姿勢を作る形だ。この動きはとてもシンプルだ。左に動きたければ、左足が先だ。逆に、右に動きたければ、右足が先だ。**危険から遠のく方向にステップを踏もう。**この動きを取ることで、攻撃者から受けるかもしれないダメージを避けられる。このフットワークによって、相手の懐に入りダメージを加えられる「中」の位置に、そして相手の攻撃を交わす「外」の位置に瞬時に移動できる。さらに、この動きのいいところは、相手を強く攻撃する時に力を込められるように腰を入れられる点だ。ただ、この姿勢で戦う時は、前後に動きながらバランスを保つことが大事であることを覚えておきたい。

後ろへの動き

また、危険を交わすために、四十五度の角度で中央から後ろに下がることもできる。身体を前後に滑らかに動かす練習をし、動きの感覚に慣れよう。実際危険に遭遇した場合、どちらに進もうか悩む余裕はない。

横への動きと旋回

また、攻撃が真っすぐ前からくる場合は、横から横に動くこともできる。横に動いて、素早く身体を後ろの方に旋回させよう。

ナイフを使った防衛術についてもっと学ぼう

ナイフを使って自己防衛することは簡単ではなく、技術と訓練が必要だ。ナイフを使いこなすスキルについてもっと学びたいならば、TwoSecondSurvival.comを検索して私のトレーニングの様子を見て、その上で、あなたの地域にある信頼できる訓練所を探すことをお勧めする。こういったトレーニングを受けておくと、心の平穏が得られるだろう。ATMで背後にナイフを突きつけられた場合や車強盗に喉元にナイフを突きつけられた場合など、どう対応していいか的確に判断できるようになるから。きちんとしたナイフのトレーニングを受ければ、次のようなこともできるようになる。

・相手にナイフを喉、胸、または背中に突きつけられても、相手のナイフを奪う

・車のハンドルを利用して、車強盗の武器を奪う
・車の後部座席に隠れている攻撃者の武器を奪う。これは、車が動いている時にも可能だ
・寝ている間に自宅に侵入し、喉元にナイフを突きつけてくる攻撃者のナイフを奪う
・生きるか死ぬかの状況下で、上腕動脈や内頸、心臓や腹といった箇所に、致命的な一撃を加えられるようになる

元CIA諜報員が、肉体を保つために行っているエクササイズとは？

元CIA諜報員はランボー並みのトレーニングをこなしていると思っている人も多い。実のところ、それよりはずっとシンプルなトレーニングを行っている。でも、非常に効果的なものだ。走ったり、トレーニングしたりするのが好きだったらいいが、正直私はあまり好きな方ではない。様々な理由から、必要を感じてやっているだけだ。どうして身体を鍛えておいた方がいいと思うか、極端だが例を挙げるとしよう。世界の終わりといった危機的状況や自然災害に見舞われた時に、十歩進んだだけで息切れせずに、自分の足で逃げられるようにしておきたい。あるいは、七十二時間キットを背負って何キロも歩かなければならない場合、身体についた余分な一キロのためにへこたれたくもない。

また、急な危険にも対応できるようにしておきたい。駐車場にいる時に、誰かが私にナイフか銃を突きつけたら、すぐ動いて防衛できるようにしておきたい。あるいは、ショッピングセンターで買物している時に、銃声が鳴り響き、その方角にあなたの妻や子どもたちが買物をしていたらどうするか。もちろん、ショッピングセンターを全速力で駆け抜けて家族のもとに走れるようでありたい。心臓マヒを起こさずにね。

次のシンプルなトレーニング計画は、緊急事態を迎えた時に、速く動くために必要なパワーを与えてくれるものだ。

・**月曜日**　高負荷運動を行う。十五秒から三十秒間、猛ダッシュをして、六十秒間休む。猛ダッシュと言ったからには猛ダッシュだ。十五秒から三十秒の間に自分の持っているエネルギーを出し切ろう。ダッシュ後に、ハアハア息切れしてもう死にそうなくらい苦しくなかったら、出し切っていない証拠だ。私はこれを五回行ってから、八百メートルほど歩いてクールダウンする。

・**火曜日**　四キロほど軽く走る。苦しい走りではない、単なるジョギングだ。いい汗をかく。

・**水曜日**　再び高負荷運動を行う。十五秒から三十秒間、猛ダッシュをして、六十秒間休むのを五セットやる。その後、八百メートルほど歩いてクールダウン。

・**木曜日**　再び長距離を走る。四キロほどのジョギング。

・**金曜日**　再び高負荷運動を行う。月曜日と水曜日と同じメニューをこなす。

もちろん、メニューはあなたの好きなように組み合わせればいい。長いこと運動していない人は、明日からその生活習慣を変えることをお勧めする。私と同じようだったら、きっとあまり楽しいとは感じないだろう。でも、身体はあなたに感謝をするはずだ。それに、危険が及んだ時には、安全な所へ瞬時に逃げるだけの鍛え上げられた肉体を持っていると知っているだけで、心の平穏も得られるに違いない。

謝　辞

この本を世に出すために手を貸してくれた

あらゆる人にとても感謝している。

まず、楽しい時間を共に過ごした[redacted]に感謝したい。

最近どの辺にいるか分からないけど、殺されないようにな。

また、[redacted]した[redacted]も忘れられない。

さらに、[redacted]と[redacted]のクレイジーな

[redacted]があったから、この本の出版が可能となった。そして、最後

に、決して軽んずるべきではない[redacted]に礼を言いたい。

[redacted]をして一緒に過ごした時間は本当に楽しかった。

そして、この本を読んで下さっている全ての方々、有り難う。

皆の身の安全を祈っているよ。

参考資料

マイク・アルダックス――「サンフランシスコで歩きスマホ？　泥棒に注意」、サンフランシスコ・エグザミナー、2011年2月3日

「20世紀後半で最も凶悪なアメリカの連続殺人鬼テッド・バンディ」、Bio A&E ネットワークス・テレビジョン、2015

「高齢の夫婦、ハイアニスのホテルの部屋で強盗に遭う」、CBSボストン、2014年9月1日

「ダウンタウン・レディングで阻止された誘拐未遂と警察は話す」、レコード・サーチライト、2014年5月 8日

モリー・ボルケンブッシュ――「タクシー運転手に盗まれ、レイプされたと訴える女性」、フォックス4 カンザス・シティ、2014年10月1日

アイリス・バーンズ――「グレナダ警察によると、銀行強盗と偽の爆弾予告は関連している」、ニュース・Ms、2014年9月8日

ジェニファー・バウアー――「公式発表：信号で車強盗に遭う女性」、Click2 ヒューストン、2012年10月22日

ジョシュア・ベアマン――「テヘランからアメリカ人を救出するために、SF映画をでっち上げたCIA」、ワイヤード、2007年4月24日

キム・ベルウエア――「偽のシカゴのタクシー運転手、中国人の学生から4,240ドルも詐欺でぼったくる」、ハフィントン・ポスト、2013年9月3日

キャシー・ベンジャミン「60％の人は、嘘をつかないで10分といられない」、メンタル・フロス、2012年5月7日

エリカ・ベネット――「オレンジ・パークの住宅の前に止まっている強盗の車を、近所の人が発見」、CBS 47 ジャクソンヴィル、2014年7月7日

カトリン・ベンホルド――「イギリスで何年にも及ぶレイプ、そして侮辱」、ニューヨーク・タイムズ、2014年9月1日

レズリー・ベンツ――「リポート：裸の女性が家の住人の気を引いている間、彼女の連れが家に強盗に入る」、CNN、2013年7月10日

アンディ・ブロックスハム――「カリブ諸島でイギリスの学生グループがレイプされる」、テレグラフ(イギリス)、2011年5月18日

「ブロンクスの女性、自宅までつけられ性的暴行を受ける。警察が犯人を追跡中」、ABC 7 ロサンゼルス、2013年10月3日

ルイーズ・ボイル――「15才の少女、携帯に夢中で曲がり角につまずき、トラックに跳ねられ死亡」、デイリー・メール(イギリス)、2014年1月31日

ベン・ブルムフィールド＆スティーブ・アルメイズィー――「緊急着陸に向け煙が充満した飛行機がガタガタ揺れる中、乗客は泣いて祈る」、CNN、

2014年9月19日

クリストファー・バックティン――「侵入者から逃れるために、屋根に隠れる女性を写した写真。彼女の後ろに現れる侵入者」、デイリー・ミラー（イギリス）、2014年9月25日

「ホワイティー・バルジャーを確保：アメリカの最重要指名手配人を、いかにFBIが捕まえたか。それもこれも豊胸手術と捨て猫のおかげ」、デイリー・メール（イギリス）、2013年11月25日

「フィップス・プラザで襲われ、車を奪われた女性の車が発見される」、WSB-TV 2 アトランタ、2014年8月5日

トレーシー・カラスッコー――「自宅に奇妙なテープか伝票が貼られた？偵察する強盗の仕業かも」、CBSニューヨーク、2014年7月24日

「ケーリー警察、性的暴行を加えた犯人を捜索」、ラレー (NC) ニュース&オブザーバー、2014年4月14日

アリッサ・チン「車のエンジンをかけている間に盗まれる」、KKTV 11、コロラド・スプリングス／プエブロ、2014年1月5日

スーザン・クリスチャン――「強烈な記憶：MGMの大火事を生き抜いた人々、10年たった今も追体験する。あのような経験をすると、一生忘れることはない」、ロサンゼルス・タイムズ、1990年11月18日

「警察ニュース：ニューヨークで、子どもの前でレイプを試みる偽タクシー運転手」、クリムサイダー、CBS ニュース、2014年8月28日

ジョン・カウンツ――「大学生に性的暴行を加えた疑いで、警察はアナーバーの男性を逮捕する」、MLive ミシガン、2014年5月8日

「メリーランドのホテルの部屋で3人の強盗に襲われる夫婦」、WUSA 9 ワシントンDC、2012年10月1日

ナタシャー・コートネイ・スミス――「津波で3人の親友を失い、私も死ぬところだった。どうして、夫はその後去ってしまったのだろう？」、デイリー・メール（イギリス）、2009年12月24日

「犯罪の追跡者：車の故障を装う犯人を指名手配。強盗に遭う被害者たち」、WFTV ノックスビル、2013年5月13日

「モーテルのドアを開けるよう観光客を騙す涙の女性」、WFTV 9 オルランド、2009年5月19日

シャイラ・ドゥワン&ジャネット・ロバーツ――「ルイジアナの驚異的な嵐が、力のある者、ない者両方の命を奪う」、ニューヨーク・タイムズ、2005年12月18日

マリオ・ディアズ――「自宅で死亡した男を殺害した容疑で起訴される。妻も怪我を負う」、WPIX TV ニューヨーク、2014年9月1日

コートニー・ダウリング――「3年で2回の住宅侵入を生き抜いた」、インサイト・オーランド、2014年5月6日

参考資料

アニー・エリソン――「ケリー・スワボーダによって誘拐された記憶をたどる女性」、KOINポートランド、2014年4月30日

ケヴィン・ファスィック＆ケヴィン・シーハン――「逮捕されたニューヨークの車強盗たちには、前科がある」、ニューヨーク・ポスト、2013年12月21日

マニー・フェルナンデス＆アリソン・レイ・コーワン――「コネチカットの家族に恐怖が襲った時」、ニューヨーク・タイムズ、2007年8月6日

「この度の火事」、ピープル、1991年2月25日

ラリー・フリース＆チップ・ヨスト――「サン・クレメンテの気をそらして20万ドル盗む方法」、KTLA ロサンゼルス、2013年1月10日

ヘレン・フロント――「縄で縛られたカップルの遺体発見。警察によると、一つはダンベルにつながれていた」、ニューオーリーンズ・タイム・ピカユーン、2014年4月2日

スーザン・フリック・カールマン――「エリン・サリス：何かおかしいと感じた」、ネーパーヴィル・サン、2014年4月19日

「脱走した医者、大量に患者を騙したことで禁固刑」、ニューヨーク・デイリー・ニュース、2012年10月13日

「衝突後にヴァルデンブルクで、逃亡したコロラド・スプリングスの囚人が逮捕される」、KKTV コロラド・スプリングス／プエブロ、2014年1月9日

ジャスティン・ジョージ――「エンジンをかけっぱなしの車が、ボルチモアで数台盗まれたと警察は話す」、ボルチモア・サン、2014年7月19日

ジョセフ・ゴールドスタイン――「マンハッタンのレストランで起きた強盗、そして没頭して気付かない客」、ニューヨーク・タイムズ、2014年9月15日

サシャ・ゴールドスタイン――「アラバマ：凍りつく娘と孫息子の目の前で、男性が祖母をはねる」、ニューヨーク・デイリー・ニュース、2014年6月27日

アビー・グッドノー――「逃亡中に旅行していた犯罪王、発見される」、ニューヨーク・タイムズ、2011年6月27日

アンディ・グリム――「医療詐欺を行い、約7年の刑を言い渡される耳鼻科の医者」、シカゴ・トリビューン、2012年10月12日

レベッカ・ハーシュバーガー＆ボブ・フレデリックス――「メールを打っていた漫画家、電車にひかれ、ユーモアで笑い飛ばす」、ニューヨーク・ポスト、2014年2月14日

アイシャ・ハスニー――「強盗に入られそうになった保安官、ドアのノックを無視しないように警告」、フォックス59 インディアナポリス、2014年8月28日

ブラッド・ヒース――「逃げ切る奴ら」、USA トゥディ、2014年10月21日

アレックス・ホブソン――「ジャクソンヴィルの路上で、二人のタンパのティーンエイジャーが縛られたまま遺体で発見される」、WFTS タンパ・ベイ

2014年9月18日

イアン・ホリデイ――「私は怒り狂った：詐欺師に騙された慈悲深い人」、CTV ニュース・バンクーバー、2014年7月8日

ブランディ・ホッパー――「丁寧な住宅侵入の容疑者たち、開けっ放しのガレージから侵入と警察は話す」、フォックス59、インディアナポリス、2013年12月18日

パトリック・フリュービー――「元CIAの変装のスペシャリストが、悪評高いアメリカのスパイたちに人間らしい顔を与える」、ワシントン・タイムズ、2011年9月27日

マーク・ヒューバー――「どのように行うか：脱出用スライド」、エア＆スペース、2007年11月

「何かが非常におかしいと感じていた」、NPR、2013年9月29日

ケイト・アービー――「警察官を装った男性が、ブレーデントンの女性に自分の車に乗るよう命じる」、ブレーデントン(FL) ヘラルド、2014年9月15日

スティーブ・ジェファーソン――「車強盗、インディアナポリスの住宅侵入で女性が撃たれる」、WTHR 13インディアナポリス、2013年10月29日

「裁判長、スコット・ピーターソンに裁判を受けるよう命じる」、CNN、2004年1月7日

グレイソン・カム――「聖書を呼んでいる間に車強盗に遭った看護士」、11アライブ・アトランタ、2104年6月3日

リズ・クリマス――「慈悲深い人の無欲の行動の結果、家族の頭に銃が向けられる」、ブレイズ、2013年11月6日

トム・ローレンス――「雪の柩に2日間、閉じ込められた家族を救出」、デイリー・エクスプレス(イギリス)、2011年12月24日

パメラ・リーマン――「スプリングスフィールド警察によると、気をそらされている間に、宝石類とライフルを盗まれたと女性が証言」、アレンタウン(PA) モーニング・コール、2014年7月17日

デヴィッド・ロア――「カーレシャ・フリーランド・ゲイサーが行方不明：女性誘拐のショッキングな映像」、ハフィントン・ポスト、2014年11月4日

デヴィッド・ロア――「クリストファー・ニューソムとキャノン・クリスティアンは、拷問のような恐ろしい殺人から6年たった今も忘れられることはない」、ハフィントン・ポスト、2013年1月7日

「マナティーで警察官を装う男性」、WTSP 10 ニュース・タンパ・ベイ、2014年9月15日

ザミ・マン――「飛行機事故の後、脱出まで90秒しかなかった乗客たち」、イラワディ、2012年12月27日

キンバリー・マタス――「恐怖のタクソンの自宅侵入で、三人の男性逮捕」、アリゾナ・デイリー・スター、2014年10月7日

マーク・マゼッティ&ヘレン・クーパー&ピーター・ベイカー——「ビン・ラディンの追跡劇の裏側」、ニューヨーク・タイムズ、2011年5月2日

ジェニファー・メディナ&イアン・ロヴェット——「バルジャー夫妻を、散歩する感じのいいカップルだったと話す近隣の人々」、ニューヨーク・タイムズ、2011年6月23日

スーザン・ミリガン——「ハイヤーの問題点」、U.S. ニュース&ワールド・リポート、2014年7月15日

ペネロペ・モフェ——「記憶に残る飛行機事故：生き残った人たちが、582人の乗客が命を落とした飛行機事故を振り返る」、ロサンゼルス・タイムズ、1987年3月27日

ティナ・モア&ライアン・スィット&コーキー・スィーマズコ——「ショート・ヒルズの車強盗で、男性が妻をかばって死亡」、ニューヨーク・デイリー・ニュース、2013年12月16日

リー・モーラン——「誘拐されて、警察官に車をパトカーにぶつけたティーンエイジャー」、ニューヨーク・デイリー・ニュース、2013年3月27日

エリック・モスコヴィッツ——「車強盗の被害者、恐怖の夜を振り返る」、ボストン・グローブ、2013年4月25日

アダム・ナゴルニー&イアン・ロヴェット——「ホワイティー・バルジャー、カリフォルニアで逮捕」、ニューヨーク・タイムズ、2011年6月22日

アラン・ノイハウザー——「詐欺師が、ワインボトルを使ってアジア観光客を狙っていると警察が警告」、DNAインフォ・ニューヨーク、2013年3月26日

オリビア・ヌッツィ——「ハイヤーの一番大きな問題は高額請求ではない。運転手による性的ハラスメントだとしたら？」、デイリー・ビースト、2014年3月28日

「ニューヨークのタクシー運転手のメーター詐欺」、USAトゥデイ、2010年3月13日

ジェームズ・ナイ——「ほとんど有名人！　学生が、ボディガードとパパラッチと側近を雇い、ニューヨークの市民に自分が世界的に有名なセレブであると信じ込ませる悪ふざけ」、デイリー・メール（イギリス）、2012年8月24日

ショーン・オリオーダン——「偵察部隊、強盗ギャングのアジトを張り込む」、アイリッシュ・エグザミナー、2013年4月10日

「『動く地下牢』で女性をストーカーしていたスィッコ・オレゴン、撃ち合いで死亡」、ニューヨーク・デイリー・ニュース、2014年4月22日

ラルフ・R・オレタガ&リック・ヘップ——「ブルームズベリーでどのようにして女性を殺したか語るトラック運転手」——ニューウォーク・スター・レッジャー、2008年10月4日

セシリオ・パディィラ——「情報筋によると、医者のアシスタントが誘拐とレ

イプのために、車を装備する」、フォックス 40 サクラメント、2013年10月9日

ジェニファー・パンギャンスキー――「死、失望、そしてサバイバルの三日間」、CNN、2005年9月9日

メアリー・パペンフス――「突飛な化粧をしたラシ・ハビー新しい髪型とヒゲ、そしてアイメイク？」、ニューヨーク・デイリー・ニュース、2003年4月20日

ロッコ・パラスカンドラ＆ケリー・ウィリス――「ブロンクスの残酷な殺人を犯した三人を捜せ」、ニューヨーク・デイリー・ニュース、2011年12月21日

ティナ・パテル――「運転手：厚かましい泥棒が、車で瞑想している間に手を伸ばしてiPadを盗んだ」、フォックス・ニュース、2014年9月9日

ラリッサ・パワゥーラ――「賢い殺人」、ポーツマス・ヘラルド、1991年3月27日

マイク・ピーターバーグ――「車が動かなくなった運転手、慈悲深い人を二回騙す」、イーグル・カウンティ・オンライン、2014年3月21日

マイク・パースリー――「20万ドル以上を盗んだ偽のタクシー運転手、詐欺罪で有罪」、DC インノ、2014年8月4日

アビゲイル・ペスタ――「夫が消えた日」、マリ・クレール、2011年3月15日

ヘンリー・ピアソン・カーティス――「4人のティーンエイジャーの女の子が強盗」、オーランド・センティネル、2012年3月5日

ヘンリー・ピアソン・カーティス――「ホテルの強盗で観光客が撃たれる」、オルランド・センティネル、1992年10月6日

「警察、2歳の男の子が乗っている盗難車を発見」、CBSミネソタ、2014年9月25日

「UPSの運転手を装い、高齢の夫人を縛って強盗に入った容疑者を確保」、KMOV 4 セント・ルイス、2013年5月28日

トニー・レネル――「水を飲み込んだ、そして、ああパニックだった…津波が腕から娘をさらっていった」、デイリー・メール（イギリス）、2009年12月19日

ケヴィン・ロウソン――「ジョージアの慈悲深い女性、助けたカップルに騙される」、USA トゥディ、2014年5月13日

トラヴィス・ルイズ――「指名手配中：コロラド・スプリングスで武装した危険な自宅侵入者」、フォックス21 コロラド・スプリングス、2014年1月3日

イーサン・サックス――「マイク・タイソンのホテル部屋に侵入者」、ニューヨーク・デイリー・ニュース、2012年1月5日

マーク・サントラ＆アニー・コーリール――「ショート・ヒルズのショッピング・モールで起きた車強盗で男性死亡：二人の容疑者を追跡中」、ニューヨーク・タイムズ、2013年12月16日

マーク・サントラ――「地方にある夏の別荘で、ドアにノック、見知らぬ人、そして殺人」、ニューヨーク・タイムズ、2014年8月25日

マーク・サントラ――「20歳の男性、自宅に侵入し、致命的な傷を負わせたことで罪に問われる」、ニューヨーク・タイムズ、2014年9月1日

ジェイミー・サターフィールド＆ドン・ジェイコブス――「二人殺しの詳細」、ノックスビル・ニュース・センティネル、2007年1月13日

ルーシー・スコット――「ギルバート校のタイガーマスコット、観衆を沸かせる」、アリゾナ・リパブリック、2013年2月18日

アレクサンドラ・セルツァー――「警察によると、衝突して盗む犯罪が復活をみせている。周囲に関心を払うように人々に呼びかけている」、パーム・ビーチ・ポスト、2014年3月6日

タリ・シャロット――「楽天主義バイアス」、タイム、2011年5月28日

「サウスウェスト航空の飛行機、ロサンゼルス空港に緊急着陸」、USA トゥディ、2014年9月21日

ランダル・サリバン――「世界一のバウンティ・ハンターは150センチ。彼女の手口を見てみよう」、ワイヤード、2013年12月17日

アンドレユー・スワレック――「トムプソン通りのマンションに、フェデックスの上着を羽織った武装した男が侵入」、DNAインフォ：ニューヨーク、2012年1月6日

ジュリア・テルーソ――「ビデオに映ったミルバーンの住居に侵入した男、20年前も同じような事件を起こしていた」、ニューアーク・スター・レッジャー、2013年7月2日

「オハイオ州トレド、当局は有毒な水道水を飲むないよう警告する」、CBSニュース、2014年8月2日

ブラッド・タトル――「止められないラスベガスのタクシー運転手の観光客から過剰請求」、タイム、2014年2月 26日

アメリカ司法省――「車強盗、1993-2002」、犯罪データ概要、2004年7月

シャンカー・ヴェダンタム――「デコイ効果と選挙の勝ち方」、ワシントン・ポスト、2007年4月2日

デボラ・ヴィラロン――「当該社員、誘拐された子どもを発見するために重要な役割を果たす：何かがおかしいと感じた」、フォックス・ニュース、2014年1月8日

アダム・ウエアバック＆サバ・ハメディー――「一年間に38時間も渋滞の中で過ごす通勤中のアメリカ人」、アトランティック、2013年2月6日

クレイグ・ホィットロック＆バートン・ゲルマン――「オサマ・ビン・ラディンを追跡するために、衛星とネイビー・シールズがパキンスタンのアボッターバードを監視した」、ワシントン・ポスト、2013年8月29日

「健康を害すると分かっていても、知らぬが仏と考えてしまう訳」、NPR、

2014年7月23日

デイヴィッド・ウィリアムズ――「警察がドライバーに呼びかける：車強盗の詐欺に注意」、テレグラフ(イギリス)、2009年11月11日

「フリントの赤信号で車強盗に遭った女性」、Mライブ・ミシガン、2011年8月11日

オーレン・ヤニヴ――「タクシー運転手、乗客をレイプした罪で20年の刑」、ニューヨーク・デイリー・ニュース、2014年5月12日

デイビッド・ズッキー＆リサ・マスカロ――「アトランタが雪に閉じ込められる。一晩車に閉じ込められるドライバー、そして学校に寝泊まりする子どもたち」、ロサンゼルス・タイムズ、2014年1月29日

購入者限定特典のご案内

本書をご購入の方のみ限定で、著者本人による解説動画 **英語音声** をご視聴いただけます。

1. 飛行機事故から身を守る
2. 人の嘘を見抜くには
3. 携帯サバイバル用品
4. 拘束状態からの脱出

http://www.panrolling.com/books/ph/ph36.html

にアクセスして下さい。

注）本特典は著者運営のため、すべて英語での提供となります。
無保証・無サポートの方針で提供させていただきます。

■著者紹介

Jason Hanson（ジェイソン・ハンソン）

元CIA捜査官でセキュリティのスペシャリスト。ABC放送のバラエティ番組『シャーク・タンク』（アメリカ版『マネーの虎』）に出場して、投資を勝ち取ることに成功。「スパイ・エスケープ&イヴェージョン（スパイ式避難と脱出術）訓練学校」を設立し、市民に自己防衛術を教える日々を送っている。セキュリティの専門知識が豊富なハンソンは、情報番組『トゥデイ』、トーク番組『レイチェル・レイ・ショー』やニュース番組『デイトライン』を始め、『フォーブズ』誌、『ウォール・ストリート・ジャーナル』紙、そしてインターネット新聞『ハフィントンポスト』など、主要メディアに数々取り上げられている。ユタ州のシーダー・シティーに家族と在住。

SpySecretsBook.com　http://safehomegear.com/

■訳者紹介

狩野綾子（かりの　あやこ）

英日ライター&翻訳家。映画会社で国際業務や単行本の編集業務を経て、英字新聞の文化欄記者に。翻訳書に、『「ひらめき」を生む技術』（伊藤穰一）、『デス&キャンディ　カー・ボーイの冒険／ピクシー』（マックス・アンダーソン）、共訳書に『フランスの子どもはなんでも食べる』（カレン・ル・ビロン）、『オイスター・ボーイの憂鬱な死』（ティム・バートン）などがある。都内を中心としたお母さんたちの編集・デザインチーム「まちとこ」（http://machitoco.com）にも所属。

2016年 8 月 3 日 初版第 1 刷発行

フェニックスシリーズ ㊱

状況認識力UPがあなたを守る

――元CIA捜査官が実践するトラブル回避術

著　者　ジェイソン・ハンソン
訳　者　狩野綾子
発行者　後藤康徳
発行所　パンローリング株式会社
〒160-0023　東京都新宿区西新宿7-9-18-6F
TEL 03-5386-7391　FAX 03-5386-7393
http://www.panrolling.com/
E-mail　info@panrolling.com
装　丁　パンローリング装丁室
印刷・製本　株式会社シナノ

ISBN978-4-7759-4155-3